特色农业与气象系列丛书

丛书主编：王春乙

柑橘生产气象保障技术

黄淑娥　杨　军　主编

气象出版社
China Meteorological Press

内容简介

针对柑橘生产过程对气候条件的要求以及柑橘气象灾害的影响，本书阐述了柑橘生产概况、柑橘生产与气象条件的关系、柑橘园小气候特征、柑橘气象灾害及致灾机理、柑橘高温和低温灾害监测预警、柑橘气象观测；探讨了柑橘气象产量预报技术；针对柑橘气象服务的需要，从技术原理、柑橘气象灾害指标、模型方法、防御措施等方面介绍了柑橘气象服务手册、柑橘气象周年服务方案、柑橘气候品质评价与气象保险、柑橘气象业务服务平台以及直通式智慧气象服务平台。

本书内容通俗易懂，可供柑橘科研人员、柑橘技术服务与技术推广人员以及柑橘生产者、农业管理人员使用，为柑橘气象灾害监测预警提供了服务技术和定量指标，为柑橘高产稳产、优质高效种植提供了科学依据，有助于推动特色农业经济发展。

图书在版编目（CIP）数据

柑橘生产气象保障技术 / 黄淑娥，杨军主编. 北京 ：气象出版社，2024. 6. -- (特色农业与气象系列丛书 / 王春乙主编). -- ISBN 978-7-5029-8304-8

Ⅰ. S165

中国国家版本馆 CIP 数据核字第 2024LY9802 号

Ganju Shengchan Qixiang Baozhang Jishu

柑橘生产气象保障技术

黄淑娥　杨　军　主编

出版发行：气象出版社

地　　址：北京市海淀区中关村南大街 46 号　　　邮政编码：100081

电　　话：010-68407112（总编室）　010-68408042（发行部）

网　　址：http://www.qxcbs.com　　　E-mail：qxcbs@cma.gov.cn

责任编辑：张锐锐　吕厚荃　　　终　　审：张　斌

责任校对：张硕杰　　　责任技编：赵相宁

封面设计：艺点设计

印　　刷：北京盛通印刷股份有限公司

开　　本：710 mm×1000 mm　1/16　　　印　　张：12.25

字　　数：251 千字

版　　次：2024 年 6 月第 1 版　　　印　　次：2024 年 6 月第 1 次印刷

定　　价：98.00 元

《特色农业与气象系列丛书》编委会

《柑橘生产气象保障技术》编委会

主　编：黄淑娥　杨　军

副主编：李迎春

编　委（按姓氏笔画排列）：

李翔翔　金志凤　金国花　郭建平　姚俊萌

章毅之　谢远玉

总　序

习近平总书记强调“粮食安全是‘国之大者’”。粮食安全是国家安全的重要基础，也是我国经济社会发展的“压舱石”。党中央、国务院高度重视粮食安全问题，始终把解决人民吃饭问题作为治国安邦的首要任务。以习近平同志为核心的党中央立足世情、国情、粮情，确立了“以我为主、立足国内、确保产能、适度进口、科技支撑”的国家粮食安全战略。在2022年全国“两会”期间，习近平总书记再次指出，“要树立大食物观”“在确保粮食供给的同时，保障肉类、蔬菜、水果、水产品等各类食物有效供给”。“大食物观”拓展了传统的粮食边界，指导我们从更广的维度认识和把握国家粮食安全。

特色农业是以资源为基础、以科技为支撑、以规模化生产和品牌化经营为手段、将区域内特有的农产品转化为特色商品的现代农业，近年来以其独特的区位优势资源、独特的产品品质和高效的经济价值得到迅速发展，形成了从特色作物种植、水产养殖，到规模化生产、加工、贮运、销售的完整产业链，在精准扶贫和乡村振兴中发挥了重要作用，是保障国家粮食安全、促进现代农业经济发展的重要抓手。《国务院关于印发气象高质量发展纲要（2022—2035年）的通知》（国发〔2022〕11号）要求，提高气象服务经济高质量发展水平，实施气象为农服务提质增效行动。强化特色农业生产气象保障技术应用是气象部门落实《气象高质量发展纲要（2022—2035）》，服务于国家粮食安全、乡村振兴、改善民生等国家战略的重要举措。

近年来，特色农业产值已发展到我国农业总产值的50%以上，产区覆盖了94%的重点脱贫县。特色农业产区地域性强，经济价值高，对生长环境要求独特，气象条件对特色农产品影响远大于普通农作物，使得特色农业气象服务尤为重要。然而，特色农产品产区农业基础设施普遍偏差，作物抗灾能力弱，也制约着特色农业产业的发展，迫切需要提高特色农业气象服务保障能力。2017年和2020年，中国气象局和农业农村部联合，分两批建立了15个特色农业气象服务中心；2024年，中国气象局与农业农村部、国家林业和草原局联合，建立了第三批10个特色农业气象服务中心。针对国家粮食安全和重要农产品有效供给的重大战略需求，面对气候变化、农业供给侧结构性改革和民生需求，以及国际贸易复杂多变的形势，各特色农业气象服务中心围绕着与国家安全相关的油料和橡胶等重要农产品、关乎民生的“菜篮子”

"果篮子"和居民生活品质的特色农产品，开展农业气象监测、气象灾害预警及风险评估、农业保险、产量预报和品质评估、农用天气预报、农业气候区划等关键气象保障技术研发，实现特色农产品生产全程气象保障的精细化、多元化、特色化服务，为保障国家粮食安全、满足民生需求、降低气候变化影响风险、促进区域可持续发展等提供了科学依据和数据支撑，在促进农业增产、农民增收、农村繁荣和社会主义新农村建设中发挥了重要作用。

"十三五"期间，科技部启动了"主要经济作物优质高产与产业提质增效科技创新"重点研发计划。由中国气象科学研究院原副院长王春乙研究员为首席科学家，联合国内多所高校、科研院所、业务单位、相关企业，组建研究团队，成功获批了重点研发计划项目"主要经济作物气象灾害风险预警及防灾减灾关键技术"(2019YFD1002200)。经过项目组近四年的科研攻关，结合各特色农业气象服务中心十几年的科研业务服务积累，形成了本丛书。丛书由王春乙担任主编，由各特色农业气象服务中心和"十三五"国家重点研发计划项目的技术负责人担任各分册主编，全面展现近年来气象部门在特色农业气象保障技术方面取得的一系列创新性成果，系统阐述种植业、养殖业、设施农业、都市农业等特色农业气象的新技术、新方法，是一套学术水平高、创新性和适用性强的专业丛书，对进一步拓展气象为农服务领域、提高气象为农服务科技水平具有很好的参考作用。为此，我谨向该丛书的作者和气象出版社表示衷心的感谢。

中国工程院院士　徐祥德

2024 年 2 月

前 言

随着人们生活水平的提高，农产品的需求由“温饱型”向“小康型”“生态型”方向发展。2019 年中央一号文件《关于坚持农业农村优先发展做好“三农”工作的若干意见》中指出，要调整优化农业结构，大力发展紧缺和绿色优质农产品生产，推进农业由增产导向转向提质导向。特色农业气象服务技术的发展和创建是优化特色农业产业结构、特色农产品品牌的形成和市场推广的重要保障。

柑橘生产高度依赖于当地的气候条件，不利的气象条件导致柑橘品质变劣、稳产性和丰产性下降等。柑橘是我国种植面积最大的水果，其生长季的高温低湿、高温干旱、高温热害、低温冻害、旱冻灾害等农业气象灾害发生频率高、成灾面积广，严重影响柑橘稳产高产优质。尽管我国柑橘种植范围广，但种植面积、产量和产值之间的匹配关系各地却存在明显的差异，部分地区柑橘种植面积大，但因气象灾害、气候适宜性等原因，其产量波动大，果品品质一般，最终产值并不高；有的地区因注重柑橘气象灾害的监测预警与防御，并注意果品品质的发展，尽管种植面积不大，但产值却很可观。因而，柑橘气象保障技术在我国柑橘规模化、产业化发展中显得尤为重要。

针对柑橘生产对气象保障技术服务的迫切需求，2017 年 12 月，中国气象局与农业农村部联合认定的第一批特色农业气象服务中心中就有“柑橘气象服务中心”，该中心作为当时的全国 10 个特色气象服务中心之一，已于 2018 年 3 月正式启动开始运行。柑橘气象服务作为全国特色气象业务之一，已纳入中国气象局业务服务考核之中。为适应现代特色农业气象服务的发展，系统性、成熟的柑橘气象保障技术的研究与开发显得尤为重要。本书就是针对全国柑橘气象服务的需求，结合近年来柑橘气象研究成果和柑橘气象服务技术开发等编写而成。

本书内容主要来源于国家重点研发计划项目中“园艺作物气象灾害监测预报与设施调控技术（2019YFD1002202）”、江西省气象局重点项目“江西省柑橘气候品质评价技术研究及应用”、中国气象局“柑橘气象服务中心”业务建设项目成果，同时结合多年柑橘人工气候控制试验和柑橘气象相关文献成果而编制。项目成果主要由江西省气象科学研究所、江西省农业气象中心、中国气象科学研究院生态与农业气象研究所等单位共同完成。

全书分为柑橘生产概况、柑橘生产与气象、柑橘园小气候特征、柑橘气象观测、柑橘高温灾害、柑橘低温冻害、柑橘旱冻灾害、高温和低温灾害监测预警、柑橘气象产量预报与品质评价及保险、柑橘气象服务手册、柑橘气象服务周年方案、柑橘气象业务服务平台共 12 章。其中，柑橘的地理分布、我国的柑橘分布概况以及柑橘主要病虫害及其防治章节内容主要来源于网络资料的收集与整理；柑橘气候品质评价与气象保险的内容主要来源于对历史文献成果的收集与整理；柑橘气象人工观测部分由浙江省气候中心金志凤正高级工程师编写；柑橘气象服务手册、柑橘气象服务周年服务方案由李迎春、谢远玉两位正高级工程师编写；柑橘气象业务服务平台中的直通式智慧化业务平台由姚俊萌高级工程师编写。其余内容来源于“园艺作物气象灾害监测预报与设施调控技术”课题和“江西省柑橘气候品质评价技术研究及应用”课题成果。柑橘生产发展状况相关数据主要源于联合国粮食和农业组织（FAO）以及我国林业统计年鉴。

有关柑橘气象高低温灾害指标、品质评价指标等科学试验主要由江西省气象科学研究所、江西省农业气象中心、江西省信丰县气象局、南丰县气象局等单位承担。

全书由黄淑娥主编，杨军、李迎春、李翔翔、郭建平、金志凤、谢远玉、姚俊萌、章毅之、金国花等参加编写。柑橘野外科学试验观测和人工气候控制试验工作量大，尤其在夏天高温季、冬天严寒季，技术研究人员非常辛苦地开展野外科学试验研究，许多参加柑橘气象科学试验、观测的技术人员未出现在上述名单中，尤其是有“脐橙之乡”美名的赣南信丰县农业气象技术人员，在此对他们的辛勤工作表示由衷的谢意！

科学的认知是无止境的，受研究周期的限制，对相关科学技术问题的研究和认识有待进一步深入，不足之处，敬请广大读者多提宝贵意见。

本书出版获得 2023 年度国家出版基金的资助，在此表示感谢！

作者

2023 年 12 月

目　录

第 1 章

柑橘生产概况

1.1 柑橘品种及地理分布

1.1.1 柑橘气象的概念

柑橘气象是研究柑橘生产与气象条件的相互关系及其规律的学科。适宜的气象条件有利于柑橘正常生长和结果成熟，柑橘产量和品质与气象条件密切相关。冬季低温冻害、花期高温低湿和高温阴雨、果实发育期高温及干旱等灾害性天气可导致柑橘大幅度减产，某些气象要素超过一定界限会引起柑橘生育及结果障碍，有的甚至会丧失生存能力。

1.1.2 柑橘生产及柑橘气象的发展

中国是柑橘原产地之一，是世界上栽培柑橘历史最早的国家，迄今已有四千多年的历史，《禹贡》有“厥包橘柚锡贡”记载，说明在夏禹时代（约公元前 21 世纪），已有橘、柚（香橙）、枳（酸橙）的栽培，并把橘柚作贡品。世界上第一部柑橘专著，宋代韩彦直所著《橘录》（公元 1178 年），记载了浙江温州有 27 种柑橘，介绍繁殖、栽培、病虫防治、采收、贮藏和加工等技术，充分说明中国柑橘栽培有悠久历史。

柑橘是世界上四大水果品种之一（苹果、葡萄、柑橘和香蕉）。20 世纪 70 年代末，美国、巴西、日本所产柑橘约占全球的一半，柑橘生产发展较快，中国柑橘产量仅位于世界第九。根据 2019 年资料统计，柑橘已成为世界第一大水果品种，其栽培面积和产量已超过苹果；柑橘是我国第一大水果品种。目前，我国已成为世界五大柑橘生产国，我国柑橘产量总体呈上升趋势，至 2019 年，柑橘产量已达 4004.6 万 t，位居世界第一。

20 世纪 70 年代末 80 年代初，随着全国农业自然资源调查和农业区划研究工作的开始，柑橘气象在我国得到较好发展，主要表现在柑橘生产对气象条件的要求、柑橘气象指标、柑橘气候适宜性栽培、柑橘的引种扩种、柑橘气象灾害防御等。进入 2010 年，尤其 2015 年以后，在柑橘果实品质与气象、产量与气象、柑橘气象灾害防御适用技术、柑橘品质气候评价、柑橘气象灾害指标鉴定、柑橘气象灾害监测预测预警、柑橘气象指数保险等工作得到快速发展，特色农业气象服务已成为柑橘稳产、高产、优质、高效的重要保障。

1.1.3 柑橘主要品种类型

柑橘是橘、柑、橙、柚、枳等的总称。柑橘属芸香科柑橘亚科，是热带、亚热带常绿果树（除枳以外），用作经济栽培的有 3 个属：枳属、柑橘属和金柑属（图 1.1）。中国和世界其他国家栽培的柑橘主要是柑橘属。全球主要柑橘品种有甜橙类、宽皮橘类、柚类和柠檬类，其中甜橙类产量比重最大，根据美国农业部（USDA）资料，2018 年全球鲜橙产量 4799.6 万 t，占全球柑橘总产量的 51.9%，其次是宽皮橘类，约占柑橘总产的 32.6%，其余品种都在 10%以下。鲜橙生产中，巴西年产量稳居全球之首，2018 年鲜橙产量达 1593.3 万 t，其次是欧盟地区，鲜橙产量为 626.9 万 t，墨西哥位居第三，产量为 453 万 t。

图 1.1 用于经济栽培的 3 个属柑橘品种

左图：枳属，分枝多，刺多且长，枝常曲折，有二型。中图：柑橘属，常称柑橘，主要分布在北纬 35°以南的区域。右图：金柑属，植物为灌木或小乔木。

中国柑橘种植分布主要在长江以南十九个省份，不同的气候环境所生产的柑橘种类不同。柑橘气味芬芳、味道鲜美且营养丰富，加上与其他水果相比，种植收益较高等特点，使得柑橘是中国栽培面积最大、产量最高和消费量最大的水果。在中国，柑橘品种推陈出新，加上已经普及的留树保鲜技术，使得柑橘类水果基本可以达到全年新鲜供应。目前我国柑橘品种主要为甜橙类、宽皮橘类、柚类和柠檬类四大类，其主要生产区如下：

（1）甜橙类：江西的赣南脐橙（主产地为江西的南部），新会甜橙（主产地为广东的新会、广州、兴宁；福建南部、广西南部、桂南也有栽培）和锦橙（主要产地为重庆江津；湖北、湖南、贵州等地已引种推广）。

（2）宽皮柑橘类：温州蜜柑（原产于中国浙江黄岩，后传入日本，并选育出诸多品系，近年已引入中国）、蕉柑（广东、广西、福建、四川、台湾均有栽培）、椪柑（又名芦柑，广东、广西、福建、浙江、湖北、四川、台湾等地有栽培）和本地早柑（主产于浙江黄岩，福建、湖北、广东等地也有栽培）、南丰蜜橘（主产江西的南丰）等。

（3）柚类：主要有沙田柚、琯溪蜜柚、坪山柚、马家柚、文旦柚、常山胡柚、四季柚、泰国柚。其中，沙田柚原产于广西容县沙田，广西、广东、四川栽培较多；琯溪蜜柚和坪山柚主产于福建漳州；马家柚主产于江西的广丰。

（4）柠檬类：尤力克（原产于美国，在我国四川省栽培较多；广东、广西、福建、台湾等地有少量栽培）和香柠檬（广东、浙江、四川有少量栽培）。

（5）金柑：又名金弹、金橘、宁波金柑。原产我国。浙江、湖南、江西、广西栽培较多，上海、江苏有少量栽培。品质中上，不耐贮藏。

1.1.4　柑橘地理分布

柑橘原产于亚洲东南部及南部，在热带及亚热带地区常有栽培，主要分布在16°—37°N。其中中国、巴西、印度、美国、墨西哥和西班牙是世界六大柑橘主产国。目前世界柑橘生产主要趋势为发达国家速度渐弱，发展中国家兴起。从21世纪开始，全球的柑橘产业得到高速发展，产业格局也逐渐发生巨大变化。柑橘产业逐渐从美洲转向亚洲和部分非洲国家等优势种植区，当前世界柑橘产业呈现美洲、亚洲“并驾”状态。

我国长江以南地区，尤以我国五岭以南至中南半岛中部是本属植物的起源中心，也是本属植物的栽培起源地和现代的栽培中心之一。目前，中国生产柑橘包括台湾在内有19个省（区、市），南起海南三亚，北至陕、甘、豫，东起台湾，西到西藏雅鲁藏布江河谷，均有柑橘种植。

根据我国几个柑橘主产区的生产特点和气候特性，可以将我国的柑橘产业划分为五个优势产业带，分别为：①浙南-闽西-粤东宽皮柑橘带；②赣南-湘南-桂北脐橙带；③鄂西-湘西宽皮柑橘带；④长江上中游甜橙带；⑤优势柑橘基地。各带地理分布详见中国柑橘分布（图1.2）。

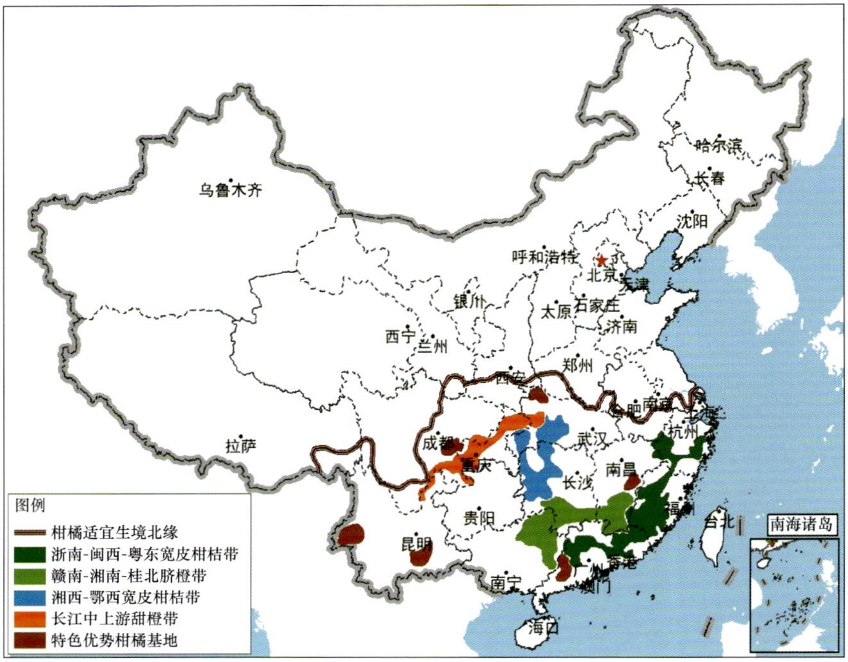

图 1.2　中国柑橘分布

1.1.5　我国柑橘带分布概况

中国是世界上栽培柑橘历史最早的国家。春秋战国时期(公元前 770—前 221 年)记载“果之美者有江浦之橘，云梦之柚”“蜀汉、江陵千树橘。”两千多年前屈原写的《离骚》中有《橘颂》一章，说明二三千年前，四川、重庆、湖北、湖南一带，柑橘已盛行栽培。

在区域分布上，自 2016 年以来，根据气候、土壤以及区位和生产现状等因素将中国柑橘生产的优势区域划分为四带＋五大特色柑橘生产基地。分别是长江上中游柑橘带(甜橙鲜食兼加工基地)、赣南湘南桂北柑橘带(优质鲜食脐橙和柚类基地)、浙闽鄂柑橘带(外向型宽皮柑橘和柚类基地)、鄂西湘西柑橘带(宽皮柑橘鲜食与加工基地)等 4 带和江西南丰蜜橘基地、岭南晚熟宽皮柑橘基地、云南特早熟柑橘基地、丹江口库区柑橘基地和四川资阳市安岳县、云南瑞丽柠檬基地等五大特色柑橘生产基地。

(1)长江上中游柑橘带

该带位于湖北秭归以西、四川宜宾以东，以重庆三峡库区为核心的长江上中游沿江区域，甜橙鲜食兼加工。该区域年均温度为 17.5～18.5 ℃，最冷月均温度

5.5 ℃，年均降水量1300 mm左右。现有柑橘面积218.6万亩[①]，总产127万t，分别占全国的8%和7%，单亩产581 kg、优质果率35%左右。

该带是我国甜橙的生态最适宜区及适宜区，无周期性冻害，适合各类柑橘生长，晚熟品种可以安全越冬；技术力量雄厚，农民有种植柑橘的传统；无黄龙病危害；已形成较大的橙汁生产能力。但该带人多地少，农民对土地的收益期望较高，对原料果品价格形成刚性约束；部分地区土层较瘠薄，部分区域土壤偏碱，有季节性干旱；重庆云阳以西秋冬季光照少、昼夜温差小，不利果实品质提高。

(2)赣南湘南桂北柑橘带

该带位于25°—26°N，110°—115°E之间，主要包括江西赣州、湖南郴州、永州、邵阳和广西桂林、贺州等地，为优质鲜食脐橙和柚类基地。该区域属于亚热带气候，气候温和，光照充足，雨量充沛。年均温度18 ℃左右，最低温度为−5 ℃左右，基本上没有大的冻害发生。现有柑橘419万亩，占全国的15.8%；产量252万t，占全国的14%；平均亩产601 kg；优质果率约为40%。

该带具有发展甜橙生产的优越自然生态条件和丰富的土地资源，已经形成了一定规模，有大量新建柑橘园，发展潜力较大；脐橙品质好，在国内外市场上具有明显的质量优势；毗邻珠三角及港澳台地区，距我国传统的出口目的地东南亚距离较近，区位优势明显；形成了较多的产业协会，有一批较大规模的龙头企业，具备较为健全的技术推广体系。该带柑橘单产较低，后续增值较少，产后商品化处理能力较弱。

(3)浙闽鄂柑橘带

该带位于21°—30°N，110°—122°E之间的东南沿海地区，为外向型宽皮柑橘和柚类基地。该区域属亚热带季风气候，年均温度为17～21 ℃，≥10 ℃的年积温达5000～8000 ℃·d，年均降水量1200～2000 mm，年平均日照时数1800～2100 h。现有柑橘450万亩，产量408万t，分别占全国的16.6%和22.8%。

该带是我国传统的柑橘产区，具有发展宽皮柑橘、柚类、杂柑类生产的优越条件，品种特色明显，产业发育较成熟，已经形成规模生产；橘果质量在国内外市场上具有明显的优势，鲜果和橘瓣罐头出口具有一定的规模；毗邻长三角、珠三角、港澳台地区及东南亚，区位优势明显；既是我国柑橘生产最集中的产区，也是经济外向度最高的产区，有进一步发展的潜力。该带品种结构需要进一步更新优化，单产与国际先进水平相比仍较低，劳动力成本较高。

(4)鄂西湘西柑橘带

该带位于111°E左右，27°—31°N，海拔60～300 m。该区域有效积温在5000～5600 ℃·d，年均温度为16.8 ℃，1月平均温度5～8 ℃，绝对最低温度在−3 ℃～

① 1亩=1/15 hm^2。

−8 ℃。现有柑橘 272 万亩，产量 233 万 t，分别占全国的 10.2%和 13%，平均亩产 857 kg，优质果率 40%左右。

该带是我国最具潜力的宽皮柑橘鲜食和加工基地，承接了东部柑橘产业的西移。低山丘陵多，土地资源丰富，具有发展宽皮柑橘的优越自然生态条件。主要栽培温州蜜柑、椪柑、橙类以及少量的柚类。劳动力多且成本较低，比较效益显著。已形成较大的种植规模，有一定的产业基础，尤其是宜昌一带已具备良好的采后商品化处理体系。基本无黄龙病危害。但品种主要集中于中熟，优质无病毒苗木繁育体系不健全，产品加工能力不强，部分地区存在冻害威胁。

(5)特色柑橘生产基地

有 5 个区域因其品种及生态条件独特，成为我国柑橘产业中极具特色、不可或缺的柑橘特色基地，即南丰蜜橘基地、岭南晚熟宽皮橘基地、云南特早熟柑橘基地、丹江库区北缘柑橘基地和四川安岳、云南瑞丽柠檬基地。南丰蜜橘以江西南丰为主，种植面积 51.69 万亩，投产面积 40 万亩，产量 50 万 t；岭南晚熟宽皮柑橘种植面积约 100 万亩，主要分布在广东省境内；云南特早熟柑橘基地位于云南省境内的珠江(南盘江)流域，种植面积 23.93 万亩，产量 18.91 万 t；丹江口库区柑橘北缘基地主要包括湖北省丹江口市和郧县，是我国柑橘生产的北缘，种植面积为 36 万亩，产量 19 万 t。柠檬基地包括四川安岳，云南瑞丽、德宏，种植面积 34 万亩，产量 10 万 t。

这 5 个特色柑橘生产基地具有四大优势，分别是品种优势、品质优势、气候优势和熟期优势。①品种优势：有独特的品种，特色基地大部分都有悠久的柑橘栽培历史，形成了适应当地环境、独特的优良品种，例如南丰蜜橘、年橘和建水白橘、柠檬等。这些特色品种在长期栽培过程中，经过自然和人工的选择，产生了许多变异，形成了适应当地环境的优良品种。②品质优势：特色基地的产品外观、风味、内含物等方面品质独特、优良。一些特色品种移植到特色区域外，品质会有不同程度的下降。例如南丰蜜橘只有在南丰当地才能形成果小、皮薄、化渣、高糖的品质特色；砂糖橘也只有在广东的四会一带生产才能保持高品质。③气候优势：特色基地具有独特的气候和土壤条件，能够充分满足生产特色、高品质柑橘的需求。例如云南特早熟柑橘基地，具有极好的温度和光照条件，能够满足柑橘极早熟的要求；云南瑞丽和四川安岳具有较高的积温，可以保证柠檬正常生长发育；丹江库区柑橘基地，由于大水体的增温效应，在柑橘的北缘产区基本上没有冻害。④熟期优势：由于优越的自然条件，特色基地可发展极早熟或极晚熟的柑橘，扩大了柑橘的成熟期。例如云南特早熟柑橘基地温州蜜柑可以在 7 月成熟，脐橙可以在 10 月成熟，广东砂糖橘等品种可以在春节前后成熟。

1.2 柑橘生产发展状况

1.2.1 柑橘种植面积

根据联合国粮食和农业组织(FAO)资料,2013—2019 年全球柑橘种植面积为 646.0 万~681.7 万 hm^2(图 1.3),平均为 656.6 万 hm^2,柑橘种植面积在前 5 a 相对稳定,其中,2016、2017 年全球种植面积略有下降;进入 2018 年全球柑橘种植面积有所增长,达 663.6 万 hm^2,较 2017 年增加了 17.3 万 hm^2;2019 年面积则进一步增长至 681.7 万 hm^2,较 2018 年增加了 18.1 万 hm^2。

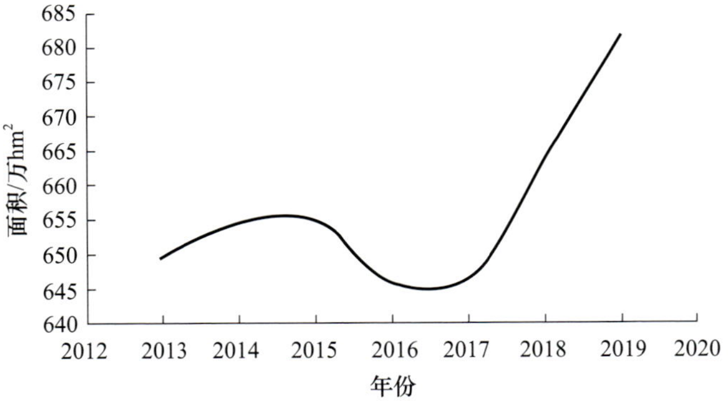

图 1.3 2013—2019 年全球柑橘种植面积

根据 2013—2019 年我国林业统计年鉴资料(图 1.4),我国柑橘种植面积为 208.6 万~247.3 万 hm^2,平均为 225.4 万 hm^2。2013—2019 年,我国柑橘种植面积呈波动式地增加,年平均相对增长率达 2.65%。其中,2018 年为 241.8 万 hm^2,较 2017 年(223.5 万 hm^2)增加了 18.3 万 hm^2,种植面积显著增加,2018 年我国柑橘种植面积达到了一个历史新高度;2019 年较 2018 年略有增加,种植面积保持相对稳定。

根据 2013—2019 年种植面积占比分析,中国柑橘种植面积占全球种植面积之比平均为 34.31%,从 2013 年的 32.12%提高到 2019 年的 36.28%(见图 1.5),显示出阶段性增加趋势。尽管中国柑橘种植面积占比呈增加趋势,但 2018—2019 年面积占比变化幅度相对较小。

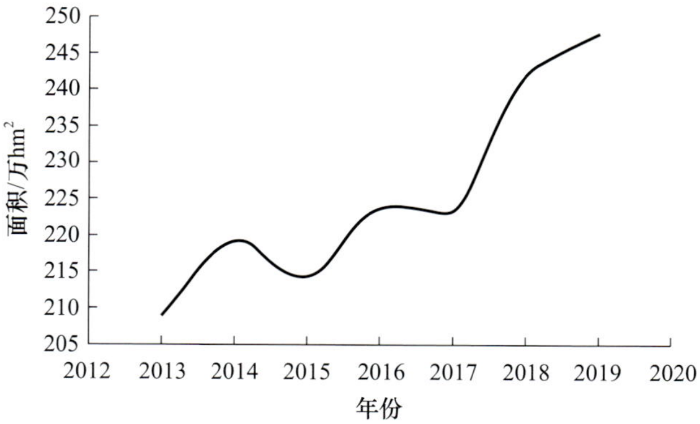

图 1.4　2013—2019 年中国柑橘种植面积

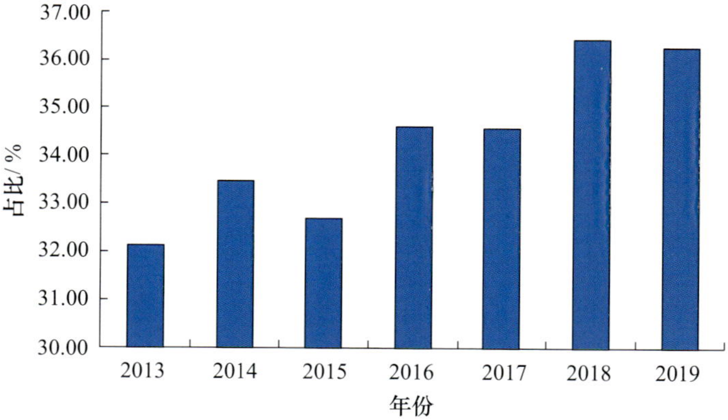

图 1.5　中国柑橘种植面积占全球之比(%)

1.2.2　柑橘产量

2013—2019 年，全球柑橘产量为 10599.1 万～12372.3 万 t(图 1.6)，中国为 2716.5 万～4004.6 万 t(图 1.7)。中国柑橘产量占全球之比平均为 28.81%，其中，2013 年中国柑橘产量占全球之比为 25.63%，2019 年占比为 32.37%，中国占比有所增加。虽然，中国柑橘产量占全球之比平均为 28.81%，但中国柑橘种植面积占全球面积之比却平均为 34.31%，单位面积柑橘生产量仍低于全球平均单产，柑橘生产能力有待进一步提高。

由图 1.7 可以看出，2018 年、2019 年，我国柑橘产量较前 5 a 明显增加，其中

2019 年我国柑橘产量较 2013 年相对增长率达 47.41%，我国柑橘市场果实供应大幅增长。

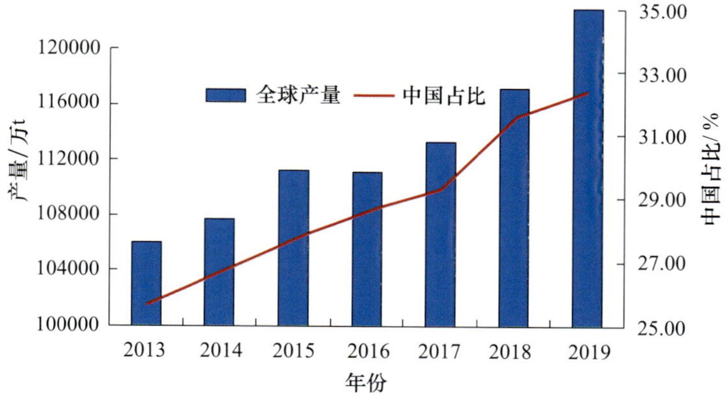

图 1.6　全球柑橘产量及中国产量占比

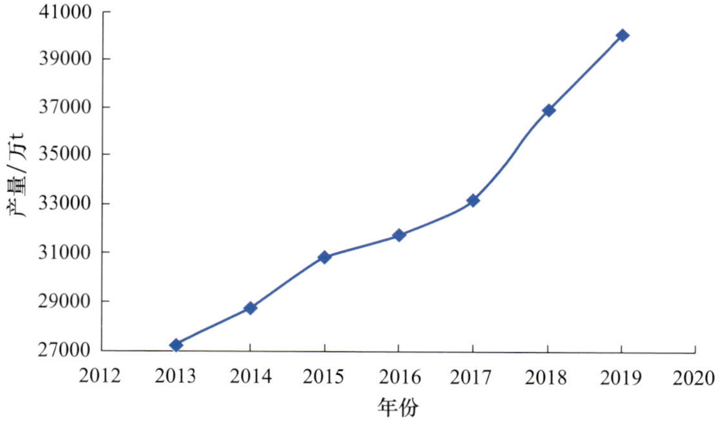

图 1.7　中国柑橘产量

1.2.3　我国主产省柑橘发展状况

中国是世界五大柑橘生产国之一，也是柑橘原产地之一。我国柑橘产量总体呈上升趋势，从 2007 年 1838 万 t 增长至 2019 年 4004.6 万 t，12 a 增长 59.0%，种植面积和产量位居世界第一。

根据 2019 年、2020 年中国林业统计年鉴资料，我国柑橘种植主要集中在广西、湖北、湖南、江西、四川、福建、广东、重庆、浙江、云南等省(区)。其中，广西约占 25%，湖北、湖南分别占 10%～20%，广东、四川、福建、江西、重庆分别约占 5%～

10%，浙江约占3%～5%。形成了我国浙南闽西粤东、鄂西湘西、赣南湘南桂北、长江上中游和西江五大柑橘特色种植带。柑橘产量以广西最高，2019年达759.26万t，其次为湖北省，2019年为591.41万t，湖南省第三，柑橘产量为497.19万t(见图1.8)。2019年各省(区)柑橘产量普遍高于2018年，柑橘在我国处于较稳定的发展趋势。各产区柑橘发展情况如下：

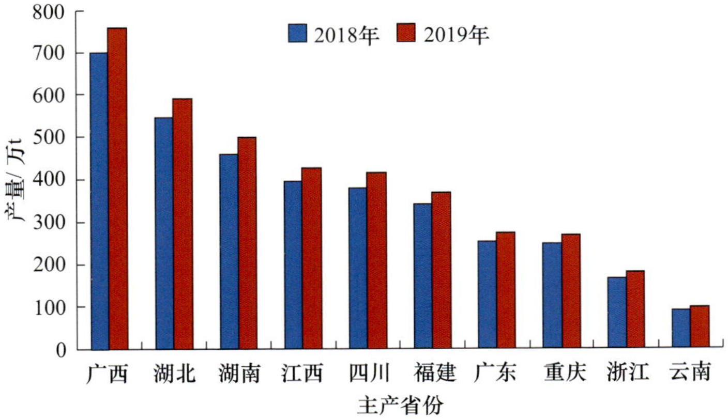

图1.8　我国柑橘主产省产量(万t)

(1)稳定增长的西部产区：以广西、重庆、四川、云南等为代表的西部产区，近年来种植面积不断扩张，柑橘产业稳定增长，形成了以晚熟品种和柠檬为主要发展对象的柑橘主产区。

广西：由于气候环境适宜，柑橘已连续5 a成为全国柑橘栽培产量最大的省区，2020年广西柑橘种植面积约为860万亩，产量超过1200万t。柳州以北，主要以砂糖橘为主，种植面积近300万亩，上市期可以从11月下旬，一直持续到翌年3月左右；桂南地区，主要以沃柑为主，种植面积近200万亩，上市期在12月下旬到翌年5月初。

四川：四川省是我国柑橘的重要产地之一，130个县(市、区)均有柑橘种植，但柑橘主要分布在成都平原及川东地区。四川部分地区被列入长江中上游柑橘带，形成了柑橘产业链。主要栽培品种为杂柑类(不知火、清见、春见、爱媛38)；宽皮橘类(椪柑、温州蜜柑)；橙类(普通甜橙、脐橙、血橙、锦橙)；柚类(沙田柚、龙安柚、真龙柚、蜜柚)及柠檬。其中甜橙类产量占全省柑橘总量的44.6%；柚类产量占比13.9%；宽皮橘类为32.5%；柠檬产量占全省产量的8.1%。凭借优势杂柑品种，四川柑橘成为继广西之后最受关注的柑橘产区。

重庆：2020年重庆市柑橘实现了十四年连增，种植面积达372.3万亩，产量358.2万t。重庆市冬季柑橘受冻概率较小，具备发展晚熟柑橘的自然气候资源，晚熟柑橘成熟期在2—5月，避开了国内外柑橘以及其他鲜销水果的集中上市高峰期，市场潜力看好。2008 年以来，重庆市委、市政府坚持“不与两湖（湖南、湖北）抢早，不与赣南争中，差异化发展”的柑橘产业发展战略，柑橘早、中、晚熟品种比例至 2020 年已调整至 27∶25∶48，品种结构进一步优化，极大地延长了柑橘鲜果供应期，基本实现柑橘成熟上市期从 9 月到翌年 7 月的周年覆盖，柑橘产业规模持续增长。

（2）稳中有升的中部产区：以湖南、湖北、江西等为主的中部地区种植面积和产量保持稳中有升的趋势，该区 2019 年柑橘种植产量已达 1515.52 万 t，较上年增加 118.7 万 t，增幅为 8.5%。

湖南：温州蜜柑、椪柑、冰糖橙、脐橙、柚子是湖南省柑橘的五大主导品种，约占全省柑橘总面积的 90%以上。柑橘品种主要集中在 9—12 月上市，中熟品种多，特早熟、晚熟品种少；鲜食品种多，约占 80%，加工品种少，特别是橙汁加工品种更少。2020 年湖南柑橘种植面积约 600 万亩，产量超过 560 万 t。

湖北：湖北柑橘种植十分集中，分布呈现“两江一区”格局，即长江中游柑橘带、清江流域带和丹江库区，主要集中在宜昌市，宜昌有着得天独厚的地理气候环境，是生产柑橘不可多得的理想区域，也是全国最大的宽皮柑橘生产基地。近几年湖北柑橘种植规模保持稳定有升的状态，2017 年湖北省柑橘种植面积 326.66 万亩，占全省水果种植面积的 62.97%，产量达到 465.9 万 t；2019 年全省柑橘产量达 591.41 万 t，排名为全国第二位。湖北柑橘种植区域主要以山区为主，加上冬天比较冷，因此大规模发展的空间受到气候条件的限制。如秭归脐橙种植面积基本维持在 30 万亩左右，当极端温度低于 −5 ℃时柑橘就将受到冻害危害。

江西：江西柑橘类水果产量约占全省水果总量的 80%。2019 年柑橘产量为 426.92 万 t，位居全国第五。据江西省统计局 2017 年资料，江西全省柑橘产值 146.9 亿元，柑橘种植面积约 484.7 万亩，其中柑、橘、橙、柚的种植面积分别约为 51.8 万亩、217.1 万亩、163.5 万亩和 52.3 万亩。主要品牌有赣南脐橙、南丰蜜桔、马家柚、新余蜜桔、井冈蜜柚等。其中，赣南脐橙是江西柑橘的一张代表性名片，2019 年种植面积约达 176 万亩。江西各市 2018 年柑橘的种植面积、产量及产值见图 1.9。由图可知，江西柑橘从南到北均有种植，其中，赣州市柑橘类水果种植面积最大，产值也最高；抚州市其次，但尽管产量高，产值却较低。由图可知，全省柑橘种植区，种植面积、产量和产值相匹配的地市有赣州（以脐橙为主）和新余（以出口蜜桔为主）两市，柑橘类水果的价值高，经济效益显著，而产量和种植面积较高的抚州市（南丰蜜桔为主），其单位面积的产值并不理想，柑橘产出效益低。

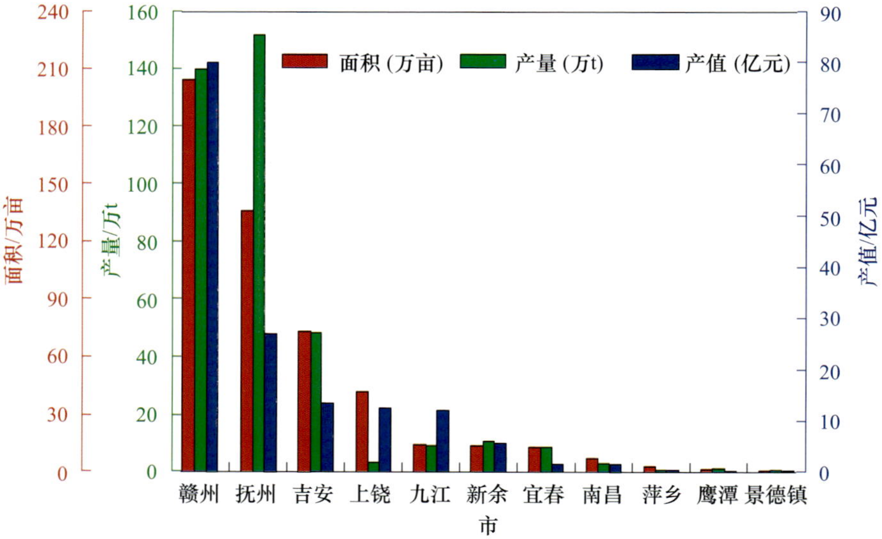

图 1.9　江西省各市 2018 年柑橘种植面积、产量和产值分布

(3)萎缩的东部产区：以浙江、福建、广东为主的东部产区，产业规模呈下降趋势。图 1.10 为浙江省 2011—2016 年柑橘种植面积变化趋势。由图 1.9 可知，2016 年浙江柑橘种植面积比 2011 年明显减少。

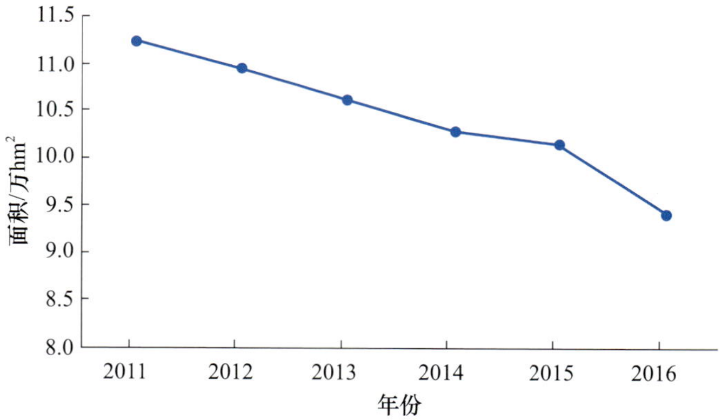

图 1.10　浙江柑橘种植面积变化趋势

广东：自古以来广东都是种植柑橘的大省，柑橘种植历史长，种植面积大。柑橘代表性的品种有砂糖橘和沙田柚。近几年，由于遭受黄龙病的影响，很多果园都被废弃了，一部分果农在广东其他地方寻找新的土地建柑橘园，还有一部分果农迁移到广西去种植柑橘，柑橘种植面积减少了近 40%。目前全省柑橘整体生产形势稳定，柑橘种植面积部分得以恢复，至 2020 年柑橘种植面积为 364.6 万亩(其中：柚子

69.9 万亩，柑、桔、橙 294.7 万亩），产量 487.8 万 t（其中：柚子 103.8 万 t，柑、桔、橙 384 万 t）。根据广东省农业信息监测体系数据，2020 年省内定点批发市场柑、桔、橙入场量同比增长 6.1%，其中省内入场量降幅明显，同比下降 43.0%，省外入场量同比增长 18.6%。广东气候温暖，很适合种植水果，柑橘是其中最主要水果之一，未来柑橘一定会在广东慢慢恢复过来。

1.2.4 柑橘贸易

在柑橘国际贸易中，发达国家的市场竞争力比发展中国家强，其出口量和出口额都是远远高于发展中国家。世界前五大柑橘进口国分别为俄罗斯、德国、法国、美国和英国；世界前五大柑橘出口国分别为西班牙、中国、南非、美国、土耳其，其中美国既是柑橘进口国又是柑橘出口国。

根据 2000—2015 年有关数据显示，中国的柑橘出口量呈逐渐增长趋势，柑橘出口量从 20.03 万 t 增至 92.05 万 t，柑橘果品出口价格呈持续增长态势，高于西班牙和美国的出口价格，也高于世界平均出口价格，出口竞争力显著增强，出口的主要去向为东南亚各国。中国柑橘出口过于集中于某个地区，从长远角度看，有一定风险，应改善中国柑橘的出口流向结构，增加中国柑橘出口国家或地区的数量。加大对"一带一路"共建国家的出口力度，积极开拓非洲市场，并加大对日、韩两国的出口力度。

另外，由于中国民众可支配收入的增加和对生活质量要求的提高，中国市场对于水果的需求量不断提升。全国居民人均可支配收入由 2015 年的 21966 元增长至 2019 年 30733 元。2019 年中国柑橘市场需求量为 4539.8 万 t，较 2018 年增加 446.7 万 t，2020 年达 4800 万 t 左右，预计未来我国柑橘市场需求将继续上涨。

近年来，我国柑橘进口量呈现平稳上升的态势。2016 年进口柑橘总量为 29.6 万 t，同期增长 37.6%。这反映出中国国民平均收入的提升，和对高品质水果购买欲望的愈加强劲。进口种类主要是鲜橙类，澳大利亚和南非仍是领先的供应国。我国柑橘出口量 2017 年在 55.0 万 t 左右，比 2016 年降低 6%，柑橘出口量下降的主要原因，是由于国内高品质柑橘的售价在不断提高，使得许多以前种植出口柑橘的种植户，转向种植迎合国内消费者需求的杂柑。

1.2.5 柑橘产业发展中存在的问题

（1）发展较为盲目，总量趋于饱和。柑橘一直被认为是高经济附加值作物，创下了颇多的"致富神话"，在种植户之间广为流传。当看到他人种植柑橘致富后，谁不想来分一杯羹？南方许多省份纷纷掀起种植狂潮，除了我们熟知的广西外，四川"接棒”成为最火热最受关注的柑橘产区。到现在,中国柑橘种植面积近 4000 万亩,产量约 4000 万 t,人均柑橘占有量约为 30.5 kg。自 2018 年以来,多地相继出现的柑橘价格下跌、滞销以及掩埋等事件,无不暗示着柑橘产业发展出现“转折点”。不由得让人冷静下来思考:如此扩种,未来柑橘谁来买单?

(2)单产量较低、品质良莠不齐。近年来,收购商宁愿不收果也要收好果,消费者宁愿多花钱也要买好果等现象逐渐增多,消费升级趋势显现,这预示着消费市场将由以前的价格导向逐渐转变品质导向。而中国柑橘建园标准较低、管理较为粗放、种植技术落后、商品果率偏低等因素,导致我国柑橘的单位产量及优果率明显落后于发达国家。宽皮柑橘亩单产中国只有 905.2 kg,而韩国为 3154.6 kg,意大利为 1456.4 kg(图 1.11)。甜橙类亩产中国只有 973.5 kg,而美国为 2172.5 kg,巴西为 1645.9 kg。

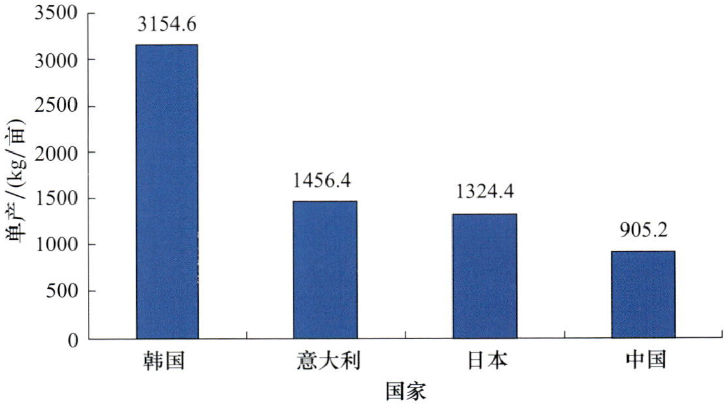

图 1.11 部分国家宽皮柑橘单产情况

(3)黄龙病、溃疡病等危害严重。黄龙病和溃疡病是严重限制我国柑橘产业发展的两大“癌症”病害,一旦感染,目前无法完全根治。柑橘黄龙病,除四川以外,在中国其他 17 个柑橘主产省份都有发生,受害面积占柑橘总栽种面积的 7%左右。江西赣南脐橙种植区自 2013 年以来大面积爆发黄龙病,砍除病树达 4500 万株;广东省也因黄龙病影响致使柑橘种植面积减少。

柑橘溃疡病在我国广东、广西、福建、江西、浙江、贵州、四川等柑橘产区均有发生。四川虽是黄龙病的最后一片净土,但一直遭受溃疡病的困扰。每年因柑橘黄龙病、溃疡病的发生,都会造成柑橘大幅度减产,果实的品质下降,从而给果农带来很大的经济损失。

第 2 章

柑橘生产与气象

2.1 柑橘生长的环境条件

柑橘是亚热带、热带常绿果树(除枳以外),喜温暖湿润气候。因柑橘原产于亚热带多雨的森林地带,其最适宜的生长地也是亚热带季雨林地区,并形成了喜温、怕冷的特性,以及对温度、水分、光照、土壤、地势等环境条件的特定要求。绝大多数柑橘种类喜阳光温热气候,冬季不落叶,有一段短暂的休眠期。果实含大量水和糖分的汁胞结构,可使其种子度过一个明显干燥的旱季。这些条件中对柑橘影响最大的是温度,即使差异 0.5 ℃的气温有时会出现截然不同的结果。柑橘生长发育要求 12.5～37 ℃的温度。秋季花芽分化要求昼夜温度分别为 20 ℃左右和 10 ℃左右,根系生长的土温与地上部大致相同。过低的温度会使柑橘受冻,例如:甜橙在－3 ℃,温州蜜柑在－5 ℃时会使枝叶受冻;甜橙在－5 ℃以下,温州蜜柑在－6 ℃以下会冻伤大枝和枝干,甜橙在－6.5 ℃以下,温州蜜柑在－9 ℃以下会使植株冻死(杜尧东等,2010;沈兆敏,2019)。高温也不利于柑橘的生长发育,当气温、土温高于 37 ℃时,果实和根系停止生长。温度对果实的品质影响也明显,在一定温度范围内,糖含量、可溶性固形物当随温度增高而增加,酸含量下降,品质变好。

柑橘是耐阴性较强的树种,但要优质丰产仍需较为充足的日照。如日照好、热量丰富的华南与日照少的重庆柑橘产区相比,果实糖含量高、酸含量低,糖酸比高。

柑橘果树要求空气相对湿度以 75%左右为宜。土壤相对湿度以 60%～80%为适宜,低于 60%则需灌水;雨水过多,造成土壤积水或地下水位高,排水不良的果园,会使柑橘根系死亡。

柑橘对土壤的适应范围较广,紫色土、红黄壤、沙滩和海涂,pH 值 4.5～8.0 均可生长,以 pH 值 5.5～6.5 为最适宜。柑橘根系生长要求较高的含氧量,以土壤质地疏松,结构良好,有机质含量 2%～3%,排水良好的土壤最适宜。

一般山地可以阻挡冬季偏北风，不容易出现低温天气，使柑橘免于受低温冻害；夏季盛行东南季风，山地可以阻挡夏季风，形成丰富的降水，有利于柑橘生长。

2.2 柑橘生长发育对气候条件的要求

柑橘果树生长发育、开花结果与温度、日照、水分(湿度)、土壤以及风、海拔、地形和坡向等环境条件紧密相关，气候条件对柑橘的分布与生长发育起着决定性的作用。柑橘要求的气候条件包括温度、降水量和光照条件；对温度要求最严格，不仅要求一定的年积温实现高产、优质，而且对一个地方的冬季低温有极限要求。

2.2.1 柑橘对温度的要求

温度是柑橘生长环境条件中对其影响最大的因素，它不仅决定一个地区能否栽种柑橘，也限制着柑橘的生长发育与开花结果。生长期温度适宜，则生长迅速，果形大，果汁含糖量高；若温度过低，热量不能满足要求，植株生长、开花结果、果实成熟都将遭受障碍，低温是柑橘地理分布的限制因子。

柑橘生长季要求一定的热量条件，它是保证植株通过全部发育阶段并使果实正常成熟的基本条件。柑橘要求年平均气温≥15 ℃，≥10 ℃年积温在4500～8000 ℃·d，不同品种对积温要求差异大，如温州蜜柑、红橘等宽皮橘类需要4500 ℃·d以上；脐橙需要5500～6500 ℃·d以上；夏橙需要6500～7500 ℃·d以上。

柑橘怕冷，越冬期低温是影响柑橘能否安全越冬的决定因子。柑橘类果树以甜橙、柚类最怕冷，如果日降温幅度大，降温幅度10 ℃左右，日最低气温≤－3 ℃就会产生轻度危害；日最低气温≤－5 ℃就会产生明显冻害。橘类(包括碰柑、南丰蜜橘、本地早、朱红橘等)的抗寒性一般，在日最低气温≤－7℃时产生明显冻害；如果日降温幅度大，在日最低气温≤－5 ℃也会产生轻度危害的冻害。温州蜜柑和金柑比较抗寒，温州蜜柑在－9 ℃时产生明显冻害，金柑在－11 ℃时产生明显冻害。

2.2.2 柑橘对降水的要求

一般年降水量1000 mm左右的热带、亚热带区域都适宜柑橘种植，但由于柑橘多种在丘陵山地且年雨量分布不均，因而常需要灌溉以防干旱的发生。

2.2.3　柑橘对日照的要求

柑橘类属于短日照植物，但对日长反应不敏感，日长不是限制因子。一般年日照时数 1200～2200 h 的地区均能正常生长。柑橘叶片不但光饱和点低，补偿点也低，对直射光利用率低，对漫射光和弱光利用率高。适度的光照，尤其漫射光，对柑橘生长发育有利，因而，合理的密植有利柑橘生产。但光照不足，柑橘枝梢细长，软弱不充实，发芽率、成枝率降低，花量少、坐果率低，果实小、酸高糖低，有的还会促使某些病虫害发生。过强则会发生日灼，如长江流域的夏季柑橘果实膨大期，常遭遇强光影响，造成柑橘果实出现日灼斑。

第 3 章

柑橘园小气候特征

3.1 柑橘园各方位温度差异

为分析柑橘园不同方位日平均气温的差异，选取江西省 2 个柑橘园为代表性点，开展小气候环境研究。选取的柑橘园一个是位于江西省赣州市信丰县的脐橙园(25°21′N,114°52′E)，果园面积 50 亩，为向南山坡，坡度约 18°；土壤原为偏酸性红壤，经改良后的土壤适宜脐橙生长。另一个是位于江西省抚州市南丰县的蜜桔园(27°13′N,116°32′E)，果园面积 70 亩。这两个果园内建有多个果园小气候站，分布在不同方位。

3.1.1 各方位日平均气温的差异

由于柑橘气象灾害主要是高、低温灾害，因而分析中主要针对最热月(7 月)和最冷月(1 月)高、低温灾害高发的月份不同方位日平均气温进行比较分析(图 3.1 和图 3.2)。由两图可知，果园各方位的日平均气温差异较小，最热月各方位相差 0.2～

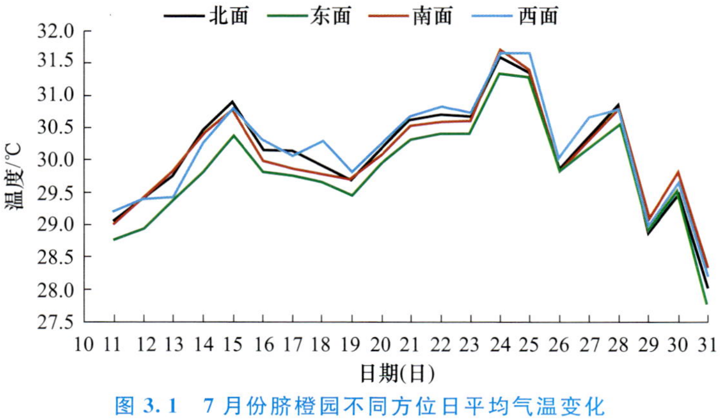

图 3.1　7 月份脐橙园不同方位日平均气温变化

0.6 ℃,平均差异为 0.4 ℃,其中西面日平均气温相对较高,东面日平均气温相对较低;最冷月各方位日平均气温相差 0.2～0.8 ℃,平均差异为 0.3 ℃,除个别日期气温相差较大外(如 1 月 1 日),各方位日平均气温差异均较小。因而,果园任意方位的日平均气温均可代表果园日平均气温。

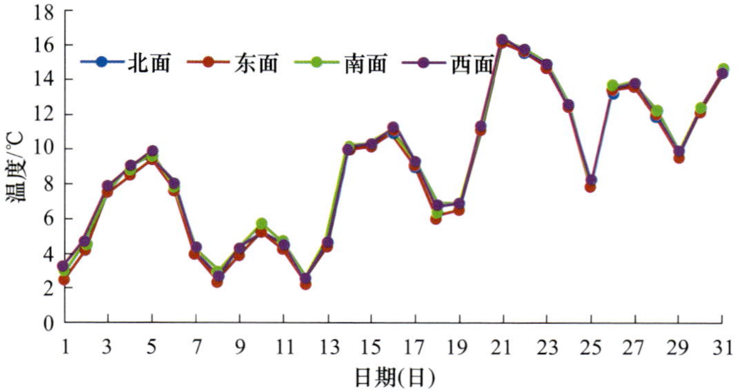

图 3.2 1 月份脐橙园不同方位日平均气温变化

3.1.2 各方位月平均气温的差异

柑橘园东、西、南、北四个方位的气温月平均值差异很小(表 3.1 和图 3.3),全年平均差异为 0.2～0.3 ℃,南、西方位略偏高,东、北方位略偏低。最热月 7 月,西面温度最高,偏高东面 0.3 ℃,东面、北面偏低;最冷月 1 月,南面和西面温度偏高,偏高东面 0.4 ℃,东面、北面偏低。因而果园任意方位的月平均气温均可代表果园月平均气温。

表 3.1 脐橙园不同方位距地面 2 m 高度处气温月平均值(℃)

月份	东	南	西	北
1	9.1	9.4	9.4	9.2
2	15.1	15.3	15.3	15.1
3	17.2	17.4	17.3	17.1
4	19.8	20.0	19.9	19.8
5	24.7	24.9	24.9	24.8
6	26.4	26.8	26.7	26.8
7	29.7	29.9	30.0	29.9
8	28.0	28.3	28.2	28.1
9	24.6	24.9	24.9	24.7
10	20.5	20.9	21.0	20.7
11	17.7	18.0	18.0	17.8
12	9.7	10.1	10.1	9.8
年平均	20.2	20.5	20.5	20.3

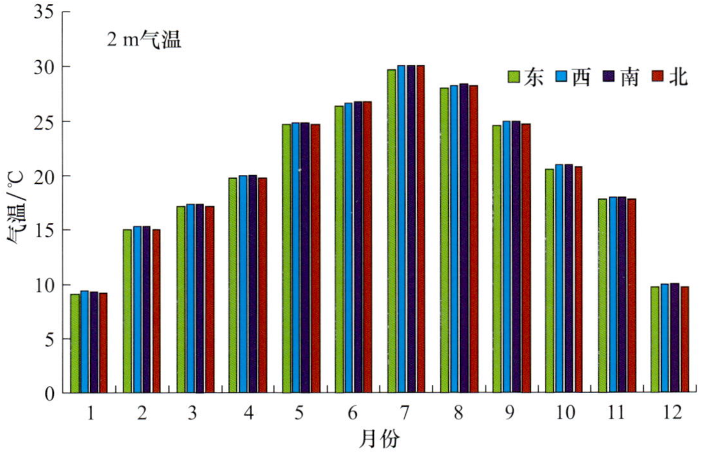

图 3.3　柑橘园不同方位月平均气温变化

3.2　柑橘园与气象观测站日平均气温的差异分析

图 3.4、图 3.5 分别为最热月(7 月)和最冷月(1 月)果园与气象观测站日平均气温变化的对比,由两图可知,无论是最热月还是最冷月,果园与气象观测站日平均气温的差异均较小,最热月差异为 0.0～0.6 ℃,平均差异为 0.2 ℃,气象观测站日平均气温略高于果园;最冷月果园与气象观测站日平均气温差异为 0.0～1.3 ℃,平均差异 0.1 ℃,除个别日期日平均气温差异稍大外,全月日平均气温几乎无差异(图 3.5)。因而在开展柑橘高、低温灾害影响服务时,可采用气象观测站日平均气温代替果园日平均气温开展服务。

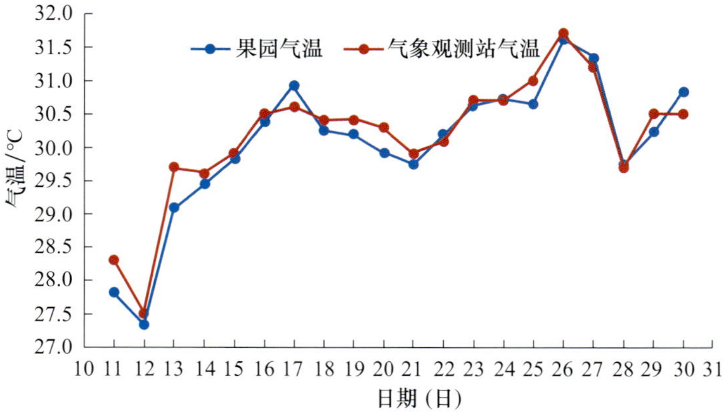

图 3.4　7 月份赣南脐橙园与气象观测站日平均气温变化的对比

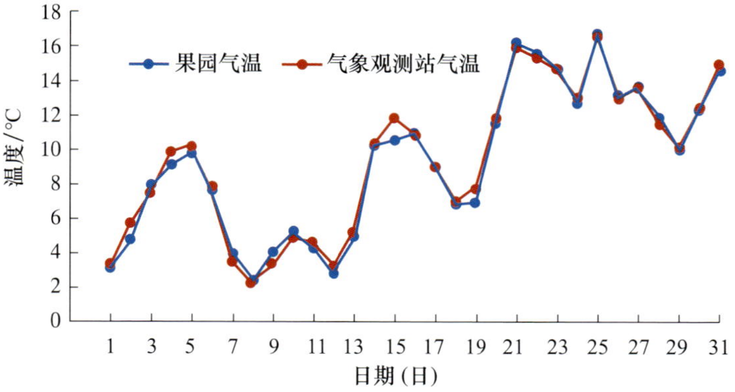

图 3.5 1 月份赣南脐橙园与气象观测站日平均气温变化对比

3.3 柑橘园果温、叶温、气温与气象观测站气温的差异

3.3.1 日变化差异分析

研究中选取最热月 7 月、最冷月 1 月中的任一天开展温度日变化分析(图 3.6a、b)。

最热月(7 月)气温日变化情况:白天 08:00—16:00,柑橘园温度表现为果温最高,气温最低,果温>叶温>气温,但在最高温度的 14:00—15:00,叶温最高,高于气象观测站气温最多达 2.5 ℃,因而,白天气象观测站的高温难以反映出柑橘的高温危害;晚上,不同的柑橘品种存在差异,其中宽皮橘园的气温>果温>叶温,脐橙园的果温>气温>叶温,叶温最低,低于气象观测站气温最多达 3.0 ℃,高温季晚上叶温偏低对柑橘高温危害具有缓解作用。叶温日平均偏低气象观测站气温 0.9 ℃。

最冷月(1 月)气温日变化情况:白天 08:00—16:00,柑橘园叶温>气温(果实已采收),叶温高于气象观测站气温最高达 3.7 ℃;晚上,气温>叶温,叶温低于气象观测站气温最多达 3.8 ℃。叶温日平均气温低于气象观测站气温 0.7 ℃。根据温度日变化分析得出,叶温的最低气温明显低于气象观测站最低气温,低温季节夜间会加剧柑橘的冻害发生,气象观测站气温难以客观地反映低温对柑橘的影响,因而采用气象观测站最低气温开展柑橘冻害服务将与实际产生偏差,往往会出现冻害指标未达到,但柑橘却已发生冻害的现象。

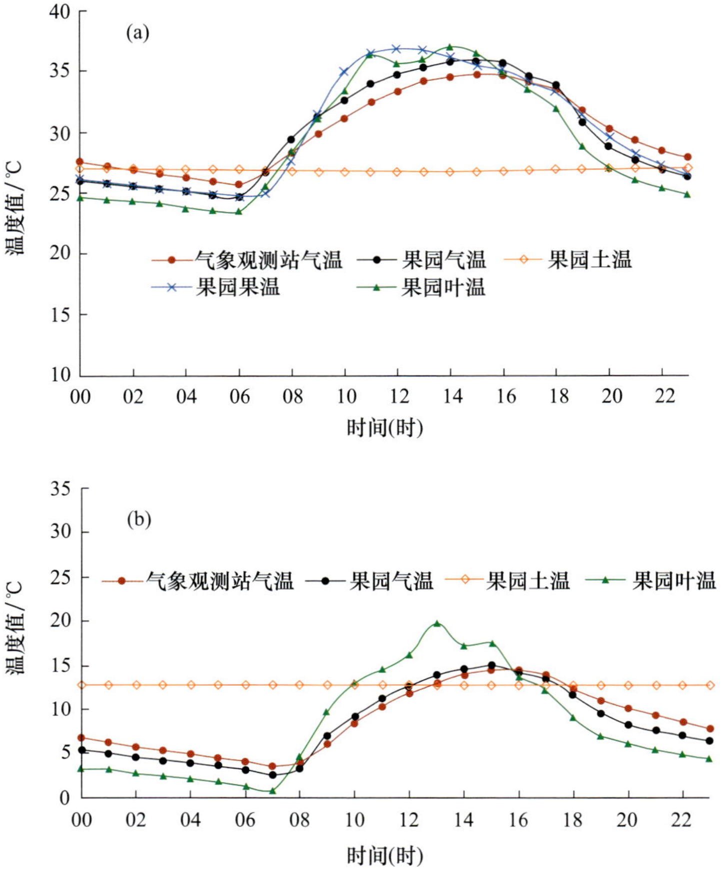

图 3.6 脐橙园最热月 7 月(a)和最冷月 1 月(b)温度日变化

3.3.2 月变化差异分析

由图 3.7 和图 3.8 可以看出，在月平均气温变化中，果园气温(黑圆点)和气象观测站气温(红圆点)几乎没有差异，黑、红圆点重合，气象观测站月平均气温可以代表果园月平均气温用于柑橘气象服务。两个图还表现出，夏季果园的土温低于气温、叶温和果温，冬季土温高于其他温度。

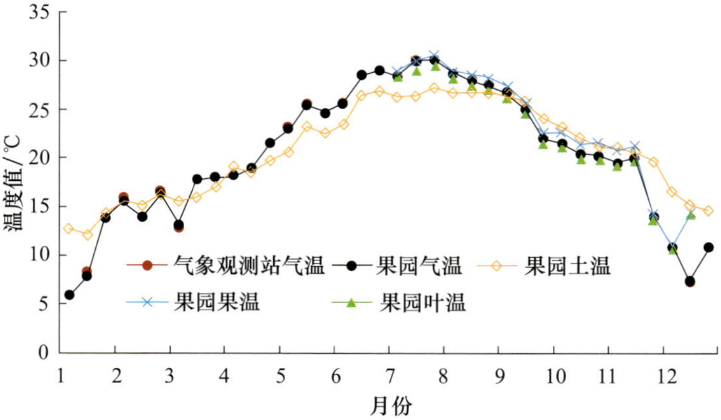

图 3.7 信丰脐橙园气象观测站气温与脐橙园气温、叶温、果温和土温的差异

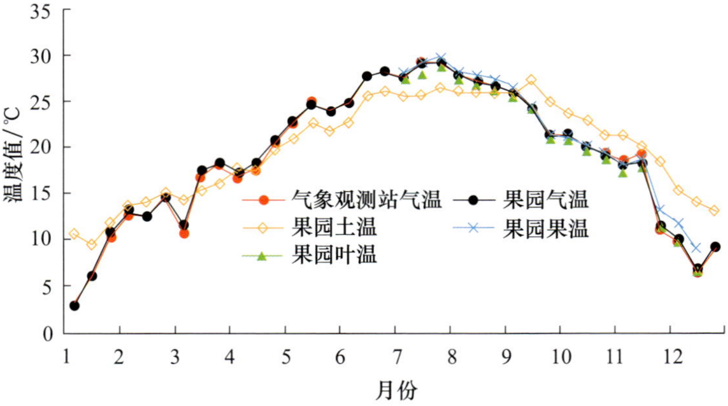

图 3.8 南丰蜜桔园气象观测站气温与蜜桔园气温、叶温、果温和土温的差异

第 4 章

柑橘气象观测

4.1 柑橘气象人工观测

4.1.1 物候期观测

(1)物候期的概念

当观测株上有一个芽、一片叶、一朵花、一个果实出现某一发育现象时(通常是几个或一批同时出现),即表示该植株开始进入某物候期为始期;有半数或以上树枝或叶片、花序、果实出现某物候现象为普遍期(盛期);某物候现象基本结束为末期。

(2)物候期的观测和记载

柑橘(柑、橘、橙、柚)的物候期包括春芽开放、春梢、现蕾、开花、夏梢、果实膨大、秋梢、果实着色、可采成熟(全国农业气象标准化技术委员会,2015)。

个体植株物候期通过目测确定。当观测植株中有半数(50%)或以上的植株达到某物候期的始期、盛期、末期标准时,整个地段即进入了该物候期的始期、盛期、末期。例如在地段的 20 株观测植株中有 10 株达到开花始期,整个地段物候期即记为开花始期。物候期按出现前后进行记载。以不漏测发育期为原则,目测记载各发育期的始期、普遍期和末期。

(3)柑橘物候期标准

柑果类为芸香科常绿小乔木或灌木。叶芽由几片不发达的肉质先出叶所遮盖,每个先出叶的叶腋各有一个芽,构成了复芽,能萌发数条新梢。新梢长到一定时期后先端停止生长,数日后,在近顶端 1~4 处发生断裂而脱落(顶芽自枯)。在下一生长季节断口以下的第一、二或三侧芽萌发抽出新梢。一年多发生三次新梢即春梢、夏梢、秋梢,冬季温暖地区有时可抽冬梢。枝条分为营养枝,结果枝、结果母枝。花芽为混合芽,经过一定的低温、干旱过程,冬春开始分化。花为两性花,单生或成花序。

柑橘不同物候期的观测标准如下:

春芽开放:芽裂开约 0.2 cm。

抽梢:新梢出现,茎体长 0.5 cm。分春、夏、秋、冬梢进行记载

现蕾:结果母枝上有花芽开放,出现淡绿色的花蕾。

开花:花朵开放,雌雄蕊可见。始期:植株上第一批花朵的花瓣外层展开,能窥见雄蕊。盛期:全树半数以上的花朵开放。末期:多数花朵凋落。

果实膨大:果实快速增重增大,横向生长明显比纵向生长加快,海绵层变薄,砂囊迅速增长增大,彼此分离,含水量迅速增加,故又称上水期。种子已充实硬化。果实大小因品种而异,果实直径一般达 3 cm 以上。

果实着色:果实绿色减退,因品种不同出现黄、橙黄或橙红等颜色。

可采成熟:半数果实达到该品种的典型大小、颜色和味道。

4.1.2 生长状况观测

(1)落花落果和坐果率观测

① 观测枝与观测时间

选 4 株有代表性的果树,东南西北四个方位各固定一个二次枝条(每树一枝)作观测用,在开花始期数出各观测枝上的花(蕾)总数。自开花始期至 5 月 31 日,每旬末观测一次各观测枝上的花(果)数,若出现日均气温≥25 ℃、日最高气温≥30 ℃、14:00 空气相对湿度<50%、风力 2~3 级的高温低湿天气,待这类天气过后加测一次各观测枝上的花(果)数,统计落花落果百分率;成熟可采时数一次各观测枝上的果实数,统计坐果率。

② 计算方法

落花落果百分率(%)=[开花始期花(蕾)总数－当次观测花(蕾、果)总数]/[开花始期花(蕾)总数]×100% (4.1)

坐果率(%)=[成熟果实数/开花始期花(蕾)总数]×100% (4.2)

(2)果实膨大测量

每个观测区选定有代表性的树株的上、中、下三个高度和向阳、向阴两个部位,共选定 5 个树枝,每个树枝选定 3 个果实,每个观测点共计 15 个果实,做好标记,作果实膨大连续观测用,于盛花期后一个月至果实停止膨大止,每旬末测量果实的纵径、横径(果实最大处),以厘米为单位取一位小数,求出平均。如果实脱落,另选大小相似的果实补充;如出现病、裂现象仍继续观测,应加以注明。

(3)新枝长度测量

抽梢后在每个观测区选定 1 株,在东、南、西、北各方位各固定 1 个新梢测量其长

度直至顶芽形成(柑橘自枯)或生长基本停止,以厘米整数记载,并求其平均。各季新梢是否均需测量,可视生产需要而定。

(4)树干、树冠测量

在每个观测区物候观测株中选 2 株,在秋末冬初进行树干、树冠测量。

① 树干高度测量:测量地面至第一个主枝着生的中心点之间树干高度。以米为单位,取一位小数。

② 树干周长测量:测量主干的相度。在树干距地面 30 cm 处,测量其树干周长,树干高度不足 30 cm 时免于测量。

③ 树高测量:用标杆或测高器测定。测量地面至树冠最高新顶端的垂直高度。

④ 冠径测量:测量树冠横径长度,通常采用树冠垂直投影的东西和南北两个直径的平均值表示。以米为单位,取一位小数。

(5)植株密度测定

观测地段选定后,量取 10 个株距和行距,以米为单位取一位小数,求出每公顷数,连续观测的地段,植株无死亡时,第二年可不再测定。具体计算方法见式(4.3)。

$$每公顷株数=1000000\ (m^2)\ /\ [10个株距(m)\times 10个行距(m)] \tag{4.3}$$

4.1.3 形态与生理特征观测

(1)叶片萎蔫情况观测:采取目测的方法,观测固定株的叶片卷曲情况,和平展叶片比较,记录卷曲的百分比,并拍下照片。观测时段为夏季高温季(6—8 月)和柑橘越冬季(12—2 月),每旬初开始,每日观测 3 次(8:00、14:00、18:00),观测固定的 2 株。

人工控制试验处理过的柑橘,试验结束后的第一天开始,每三天观测一次,连续观测 5 次,1 个月时再观测 1 次结束。

(2)果实日灼现象观测:果面出现约 1/10 以上颜色发黄或暗褐色斑现象。记录株果实日灼个数和株日灼百分比,记录果园平均状况和特定区域受灾情况。

人工控制试验处理过的柑橘,试验结束后的第一天开始,每三天观测一次,连续观测 5 次,1 个月时再观测 1 次结束。

(3)叶片枯黄情况:在柑橘进入秋、冬季,对试验观测点各选 1 株树冠,记录树体的枯黄叶片数,每旬初观测一次,至越冬期结束。

人工控制试验处理过的柑橘,试验结束后的第一天开始,每三天观测一次,连续观测 5 次,1 个月时再观测 1 次结束。

(4)叶绿素含量测定:采用 SPAD 叶绿素仪测定叶片叶绿素含量。在柑橘试验观测站,在春、夏(最高温期)、秋、冬(最低温期)四季(选择 1 月、4 月、7 月、10 月的上旬初进行),采用便携式叶绿素测定仪,开展柑橘叶片叶绿素含量的测定,观测叶片数十片。

对于人工控制的试验点，在控制试验处理前和处理结束后的当天，选取已处理和对照的果枝各 10 片叶片，测定叶绿素含量；在试验结束后，每隔三天测定一次叶绿素含量(第二次测为试验结束后的第三天)，连续测定 3 次结束，1 个月时再观测 1 次结束。

(5)光合速率(蒸腾速率)观测：在柑橘试验观测站，选择晴空天气，采用光合速率测定仪(Li-6800，美国 Li-COR 公司)，测定柑橘叶片光合速率(蒸腾速率)。

在晴空条件下，在试验处理的第 3 天、第 5 天、第 7 天、第 10 天上午 10:00(对非晴空，可稍微机动地调整测定时间)，随机选取已处理的果枝和对照果枝各 5 片叶，采用光合仪，测定光合参数，包括净光合速率(P_n)、蒸腾速率(T_r)、气孔导度(G_s)和胞间 CO_2浓度(C_i)。光合仪设置为：进入叶室的气体流速 500 μmol/s，叶室混合扇转速 10000 rpm，水分 50%，温度 25 ℃，二氧化碳浓度 400 μmol/mol，光强 1000 μmol/(m^2 · s)(人工光源)。在试验结束以后每隔 5 d 观测 1 次(无晴空条件相应观测日期延后)，共观测 3 次结束。

4.1.4 产量与品质测定

(1)果品取样要求

取样量：采用固定的观测果树 3 株进行鲜果取样。每个观测点的橙子取样量必须达到≥3 kg 的重量标准。

取样方法：在每株果树树冠中部的东、南、西、北四个方位各取 1 个果实，每株 4 个，3 株共计 12 个果实。

工具要求：应预先准备好手套、不锈钢剪(刀)、采果袋、保鲜袋、果箱、标签和封条等抽样工具。

采样时间：果实达到适当成熟度采摘，成熟状况应与市场要求一致(采摘初期允许果实有绿色面积，甜橙类≤1/3)。应选择在晴天上午的 9:00—11:00 或下午的 15:00—17:00。

取样拍照要求：取样拍摄 3 种照片：取样果园外景、取样果树外形、取样情景照片。

取样存放与检测：将取样品放置保鲜袋封存，粘贴封条，于采果当日或第 2 d 将样品送至当地检测机构或所在地市的检测机构进行检测。

(2)柑橘产量分析

在采收成熟期，作如下记载：

单株果实重(kg/株)：选有代表性的 5 株单收称重，求平均，取一位小数。

理论产量(kg/hm^2)：平均每株果实重乘以每公顷株数，取一位小数。

实际产量(kg/hm^2)：取观测果园的平均单产或全乡、全县(市)的平均单产。与上一年比较增减产百分率(%)，取整数。

(3)柑橘品质分析

① 等级果分析:从观测植株采收的果实中任取 100 kg(分批采收果品样本量可酌情减少),根据当地果品收购部门的规定,分别记载一级果、二级果、三级果及等外果的数量并求其所占百分比。

② 品质分析(由专业机构进行):按照 GB 品质标准,对果实的主要品质特性,包括单果质量、果实纵径、果实横径、果形指数、出汁率、可食率、果皮颜色、果皮质量、果皮厚度、可溶性固形物、可滴定酸、固酸比、维生素 C、可溶性糖、柠檬酸和苹果酸浓度等指标进行测定和比较分析。

4.1.5 灾害调查

(1)气象灾害观测调查

① 观测地点:以观测地段为主,重大的灾害性天气,应尽可能对附近生产单位及全县重点受灾果园进行调查,并写出调查报告,上报有关部门。

② 观测时间:一般在灾害性天气出现后及时进行,从植株发现受害时开始至受害植株生长恢复或受害部位症状不再变化为止。冰雹、大风、霜冻等突发性灾害应该在出现后立即进行观测;旱、涝、高温低湿、高温日灼、干旱、低温冷害、旱冻等气象灾害应在灾害天气达到省局灾害天气标准时、灾害天气结束时、产量因素完全形成时进行观测。

③ 灾害名称:记载低温冷害(冻害)、旱冻、高温低湿、干旱、高温日灼、霜冻、低温阴雨、洪涝、冰雹、暴雨、雨凇、雾凇、风沙、大风、雪灾等气象灾害名称。

④ 灾害强度:记载实际出现使果树受害的气象要素值。由温度异常所引起的冻害、霜冻、旱冻、冷害、阴雨低温和高温干旱等灾害,记载气温平均值、最高值、最低值、相应旬(月)的气温距平值,阴雨低温还应该记载降水量;降水异常引起的干旱、洪涝、雪灾、暴雨、冰雹等灾害,记载一日最大降水量、过程降水量、相应的旬(月)降水距平百分率,冰雹的持续时间(时、分)、最大直径(mm)、积雹厚度(cm),雪灾积雪深度(cm);风力异常引起的热带风暴、台风、风沙、大风等灾害,记载连续大风日数、最大风速、日平均风速、风沙情况;雨凇、雾凇则记载其厚度(mm)和日平均气温、最低气温。

⑤ 受害部位及症状:整个植株的某些器官受害,如根、茎、叶、花蕾、花、果实等。受害症状有叶卷缩或脱落,枝、茎折断,花蕾和果实脱落、整株死亡等。

植株:植株倒伏及其程度,以约估 15°、45°、60°、90°等记载;被水淹没程度(下部、一半、全部等)。

根:被水淹没或部分外露、全部外露或翻蔸。

茎、枝、叶:稍受害,上部或基部、某节位受害。茎枝变色、干枯、折断及部位。叶子边缘或植株上部、下部叶子完全变色、卷缩凋萎、干枯、脱落、腐烂。

花序、花蕾、花：植株上部或下部花蕾、花变色、脱落。

果实：未正常成熟干瘪脱落、腐烂。

低温灾害是柑橘果树的重要灾害，因果树灾害发生后受害特征不能很快表现出来，增加了观测的困难，因此果树受低温危害时期需加强观测。柑橘冬、春的冻害和霜冻灾害，常造成严重损害或使其完全冻死。受害后观测果树不同部位的受害情况，调查灾害对树势及产量的影响，叶片、一年生小枝、大枝、树干的受害情况。如受灾后外部特征尚不明显，可将芽、枝条用刀片纵剖相等两部分，在放大镜下检查，受害芽和枝髓呈浅黄、深褐、黑色、干枯。

⑥ 受害程度：用植株受害百分率和部位受害百分率表示受害程度。

植株受害部位百分率：在观测地段或选定的地方，先数一定的总株数，再数其中受害株数（不论受害轻重），然后将五个测点的总株数和受害株数分别相加，计算其植株受害百分率，见式（4.4）。

$$植株受害百分率=(受害株数/总株数)\times 100\% \tag{4.4}$$

受害植株的受害百分率：用以下等级进行估计和记载：个别部位受害（10%），受害25%，50%，75%，90%以上。如叶片受害，则估计受害叶片占总叶片数的百分率。例如，受害植株中有25%的叶子凋萎。根据植株和部位的受害症状、受害百分率以及预计灾害对未来产量的影响，综合评定受害程度，分轻微、轻、中、重、很重记载。

如果某次灾害仅某些地方植株受害，必须概述这些地方的地形、土壤特征、果树品种和采取的技术措施等。灾害发生后对抗灾采取的技术措施和灾害的恢复情况也应详细记载。

（2）病虫害观测调查

① 观测地点、时间和项目：观测地点应以观测地段为主。在生育状况观测的同时，观测、记载病虫害名称，开始、猖獗、终止日期，对果树的危害症状、采取的措施以及恢复情况。当重大灾害发生时，对县域内重点果园也应进行调查。

② 受害程度：在观测地段内统计记载受害植株百分率并估计受害植株的受害部位百分率。受害程度的统计方法和受害症状等观测方法参见气象灾害。

4.2　柑橘高温干旱、日灼等灾害加密观测

夏秋高温干旱是我国柑橘产区存在的主要问题之一，对柑橘产量和品质造成不利影响。为掌握高温干旱期间柑橘生产的实际情况，提高柑橘气象服务的针对性和时效性，在省级柑橘气象观测站常规观测业务的基础上，需在高温干旱等灾害发生期间进行加密观测。

4.2.1 观测时段和频率

根据高温干旱指标判定高温干旱发生范围；同时，结合月气候滚动预测，判定高温干旱是否持续。如果仍将持续，则确定当日为加密观测开始时间。加密观测的结束时间为高温干旱不再发生时，则结束观测。观测频率每 5 d 观测 1 次，每旬第 1 日开始。

4.2.2 观测内容和技术要求

(1)观测果树的选择。在每个观测区选定有代表性的 3 株柑橘树，其中对于平缓橘园，随机选 3 株；对于坡地橘园，在上、中、下三个高度各选择 1 株，在每株柑橘树的向阳和背阴位置，各选择一个树枝测定 5 个果实，每株树测 10 个果实，每个观测站共计测定 30 个果实，对选好的果实，做好标记，供连续观测用。

(2)果实膨大测定。对选好的 30 个果实进行果径测定。方法：测量果实的纵径、横径(果实最大处)，以厘米为单位取一位小数，每个果实需做好单个测定记录，并求出平均。如果果实脱落，另选大小相似的果实补充；如出现病、裂现象仍继续观测，并加以注明。

(3)叶片萎蔫情况。采取目测的方法，观测固定株的叶片卷曲情况，与平展叶片比较，记录卷曲的百分比，并拍下照片为证。以旬为准，每日观测 3 次，观测固定的 3 株。

(4)果实日灼现象观测。果面出现约 1/10 以上颜色发黄或暗褐色斑现象。记录株果实日灼个数和株日灼百分比。

(5)记录土壤水分(有观测条件的地区)和气象要素(平均值、最高值、最低值、5 d 累计降水量)。

(6)品质与产量测定(收获时进行)：根据柑橘品质标准，测定鲜果品质。测定鲜果 30 个的平均重量，并按测产要求记录果园产量。

4.3 柑橘品质调查检测采样要求

4.3.1 果品取样要求

采样品种为当地主栽品种，柑橘气象观测站采用与柑橘气象人工观测相同果园中的果树 3 株进行鲜果取样;选择固定的 3 株果树,用于取样。

(1)取样方法:每个气象观测站的柑橘取样量必须达到 3 kg 的重量标准。

① 甜橙取样:在每株果树树冠中部的外围东、南、西、北方各取 1 个果实,每株 4 个,3 株共计 12 个果实。

② 宽皮橘(南丰蜜橘、新余蜜橘等)取样:因果实较小,取样个数相应增加。取样量 3 kg。

③ 甜柚取样:每株取 1 个即可,3 株共取 3 个。

(2)工具要求:应预先准备好手套、不锈钢剪(刀)、采果袋、保鲜袋、果箱、标签和封条等抽样工具。

(3)采样时间:果实达到适当成熟度采摘,成熟状况应与市场要求一致(采摘初期允许果实有绿色面积,甜橙类≤1/3、宽皮柑橘类≤1/2、早熟品种≤7/10)。应选择在晴天上午的 09:00—11:00 或下午的 15:00—17:00。

(4)取样拍照要求:取样时请拍摄以下 3 种照片:取样果园外景、取样果树外形、取样情景照片。

(5)取样存放与检测:将取样品放置保鲜袋封存,粘贴封条,于采果当日或第 2 天将样品送至当地检测机构或所在地市的检测机构进行检测。检测完成后将结果及照片于一周内报送至柑橘气象有关业务服务部门。

4.3.2 检测品质因子

柑橘品质因子(总酸、固酸比、可食率、果实大小)检测按国家标准《鲜柑橘》(GB/T 12947—2008)(中华全国供销合作总社,2008)执行,可溶性固形物按《柑桔鲜果检验方法》(GB/T 8210—2011)(中国国家标准管理委员会,2011)规定的方法执行。

4.4 柑橘园小气候监测

4.4.1 柑橘园小气候观测设计

(1)观测仪布置。在成年柑橘园的山中间朝北方位,安装多要素基本气象观测站,观测气象要素主要包括:辐射和 6 层空气温度、湿度,3 个叶温和果实温度,3 层土壤温、湿度等要素。另外,在柑橘园山中间朝东、南、西三个方位,安装温、湿度两要素气象观测仪。仪器安装梯度为 4 层,包括地上部 2 层和地下部 2 层。

(2)小气候梯度设计。多要素基本气象观测站安装梯度为：

① 辐射：安装高度 3.0 m。

② 地上部 6 层温、湿度：观测高度为 4.0 m、3.0 m、2.0 m、1.5 m、1.0 m、0.5 m 处。

③ 叶温、果实温度：观测高度为柑橘冠层 2.0 m 处。

④ 土壤温、湿度：观测梯度为土壤深度 10 cm、30 cm、50 cm 处。

另外，其他东、西、北三个方位脐橙园山腰部 3 个观测点，分别安装 1 套温、湿度观测仪，共计 3 套。各方位观测点温、湿度梯度为：

地上部：柑橘冠层 2.0 m 高度处、地上 0.5 m 处温、湿度；

地下部：土层深度 30 cm、50 cm 土壤温度、湿度。

4.4.2 观测时间

全天候自动进行，以小时为单位自动记录，有关数据自动传输至观测点所在县气象局地面气象自动观测站数据库。

4.5 柑橘高温和低温人工控制试验

4.5.1 人工气候控制试验仪器

人工气候控制试验仪器采用 RR-CTC02 便携式温控箱进行。此温控箱可监测和控制箱内温度变化，测温范围为－40～60 ℃，温度分辨率 0.01 ℃，测温精度为±0.20 ℃。该仪器一般用于野外高低温控制实验，控温范围从低于环境温度 20 ℃到高于环境温度 20 ℃，控温精度为±0.40 ℃。

4.5.2 试验样本的选取

在原定的用于柑橘试验观测的果树中，选定同一高度 4 个方位具有代表性的枝、叶、果树枝共计 16 枝，将试验样本进行挂牌标示。选择其中朝阳较好方位的 3 枝用于高温控制试验；另外 3 枝用于低温控制试验；选择对照 3 枝开展常规观测。其余作为试验备用。各试验树枝果实的大小要尽量相近，每枝至少含 3 个果实。

4.5.3 柑橘高温和低温控制试验设计

高温试验设计。柑橘性喜湿润温和环境，忌高温和冰(霜)冻。高温热害，不仅抑制叶片的光合作用，而且减弱养分的积累，导致严重落叶、落果。柑橘果实膨大期最适温度为22～28 ℃，高于30 ℃膨大受阻，超过33 ℃停止膨大。出现连续33 ℃以上的高温，易引起柑橘果面灼伤，影响柑橘品质，使柑橘失去果品价值。

采用多台RR-CTC02便携式温控箱，开展脐橙高温人工控制试验。试验一般进行两年，每年设计若干个高温和1个常规对照。每个温度设计4个不同的处理时间，分别为3 d、5 d、7 d和10 d。高温控制试验季节选择江西最热月的7—8月进行，此时期正值柑橘果实膨大的关键期。试验采用日最高温度方式进行处理，高温控制试验日最高温度控制设计为35 ℃、36 ℃、37 ℃、38 ℃、39 ℃、40 ℃、41 ℃和常规对照。

低温试验设计。柑橘低温冻害主要发生在越冬期。根据历史资料分析，脐橙生长的极端最低气温为−5 ℃，蜜橘为−7 ℃，温柑为−9 ℃，低于极端最低界限温度，柑橘类果树将遭受低温冻害影响。考虑到低温控制的难度和设备条件的限制，研究中对信丰县越冬期的脐橙进行低温控制试验。

采用RR-CTC02便携式温控箱，开展脐橙低温人工控制试验。试验一般采用年进行，每年设计若干个低温和1个常规对照。每个温度设计4个不同的处理时间，分别为3 d、5 d、7 d和10 d。低温控制试验季节选择脐橙种植地最冷热月的12—1月进行，此时期正值柑橘的越冬期，也是柑橘遭遇低温冻害的关键时期。试验采用日最低温度方式进行处理，低温控制试验设计为：−3 ℃、−4 ℃、−5 ℃、−6 ℃、−7 ℃和常规对照。

第 5 章

柑橘高温灾害

5.1 高温低湿灾害

高温低湿灾害又称“干热风”或“旱热害”。指春夏之交，柑橘正值花期和生理落果期(幼果期)，遭遇日最高气温 30 ℃以上、相对湿度小于 50%，致使异常落花落果，最终减产的现象。

5.1.1 高温低湿灾害指标

参考前人研究成果(江西省气象局，2015)，柑橘高温低湿灾害指标见表 5.1。

表 5.1 柑橘高温低湿指标

生育阶段	气象要素	灾害等级		
		轻度	中度	重度
开花前 10 d	日平均气温 T_{ave}/℃	$T_{ave} \geqslant 20$		$T_{ave} \geqslant 20$
	日最高气温 T_{max}/℃	$T_{max} \geqslant 30$		$T_{max} \geqslant 30$
	持续天数 D/d	$D \geqslant 1 \sim 2$		$D \geqslant 3$
	发生时段	3—4 月		
开花至第一次生理落果期	日平均气温 T_{ave}/℃	$T_{ave} \geqslant 25$	$T_{ave} \geqslant 25$	$T_{ave} \geqslant 25$
	日最高气温 T_{max}/℃	$T_{max} \geqslant 30$	$T_{max} \geqslant 30$	$T_{max} \geqslant 30$
	14 时相对湿度 R_{14}/%	$R_{14} < 50$	$R_{14} < 50$	$R_{14} < 50$
	持续天数 D/d	$1 \leqslant D < 2$	$2 \leqslant D \leqslant 3$	$D > 3$
	发生时段	4—5 月		

续表

生育阶段	气象要素	灾害等级		
		轻度	中度	重度
第二次生理落果期	日平均气温 T_{ave}/℃	$T_{ave}\geqslant 25$	$T_{ave}\geqslant 25$	$T_{ave}\geqslant 25$
	日最高气温 T_{max}/℃	$T_{max}\geqslant 30$	$T_{max}\geqslant 30$	$T_{max}\geqslant 30$
	14 时相对湿度 R_{14}/%	$R_{14}<50$	$R_{14}<50$	$R_{14}<50$
	持续天数 D/d	$1\leqslant D\leqslant 3$	$3<D\leqslant 5$	$D>5$
	发生时段	5—6 月		

5.1.2 高温低湿灾害时空分布特征

我国柑橘主产区大部分地区高温低湿平均发生频次在 2～4 次，贵州和云南北部年均频次在 2 次以下，主要以轻度为主(图 5.1)。从高温低湿的变化趋势来看，柑橘主产区大部分地区均呈增加趋势，其中显著增加的区域主要集中在柑橘主产区中东部(图 5.2)。

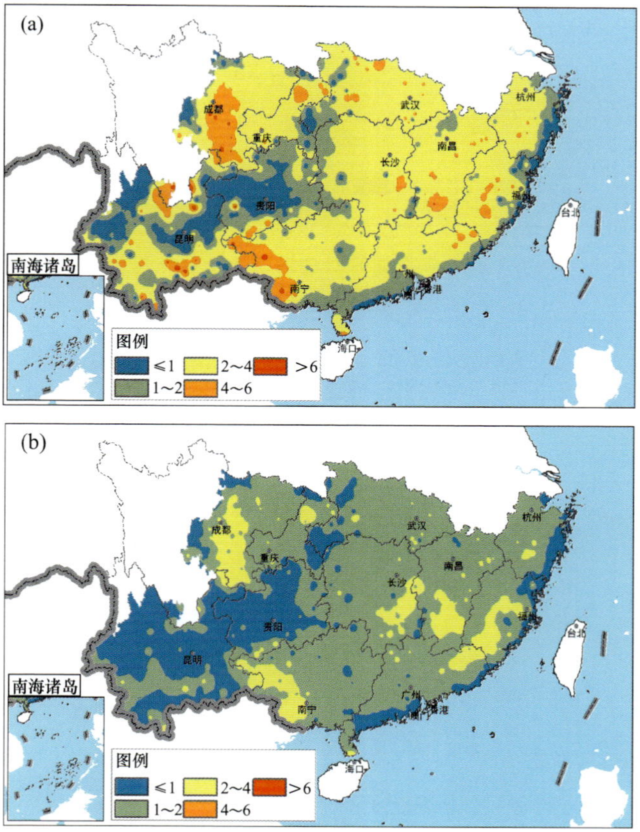

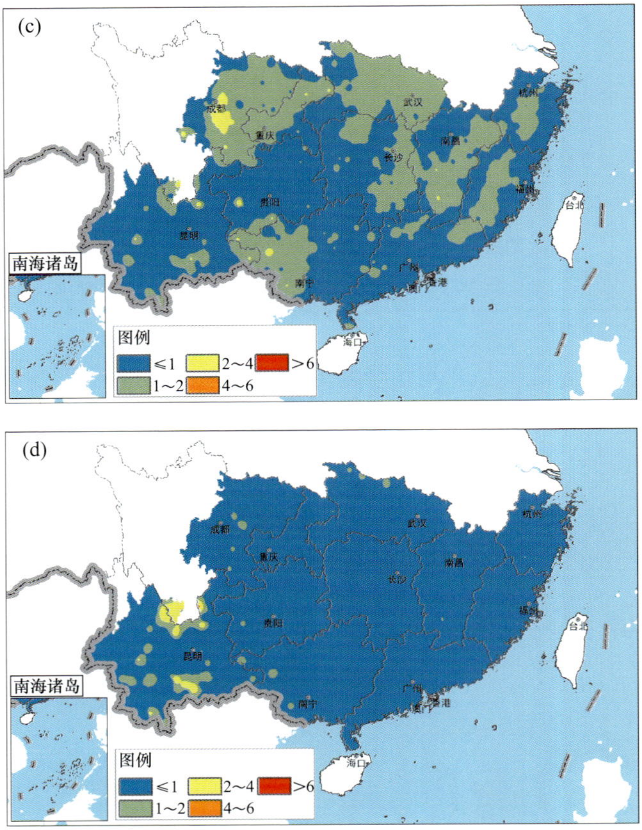

图 5.1　1961—2019 年不同等级柑橘高温低湿年均频次空间分布

(a)总频次;(b)轻度;(c)中度;(d)重度

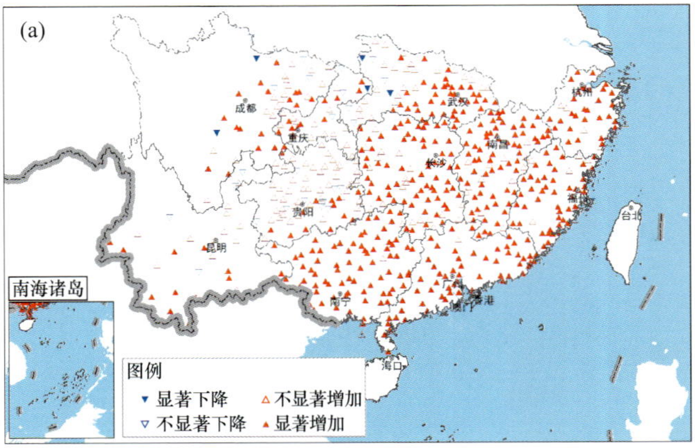

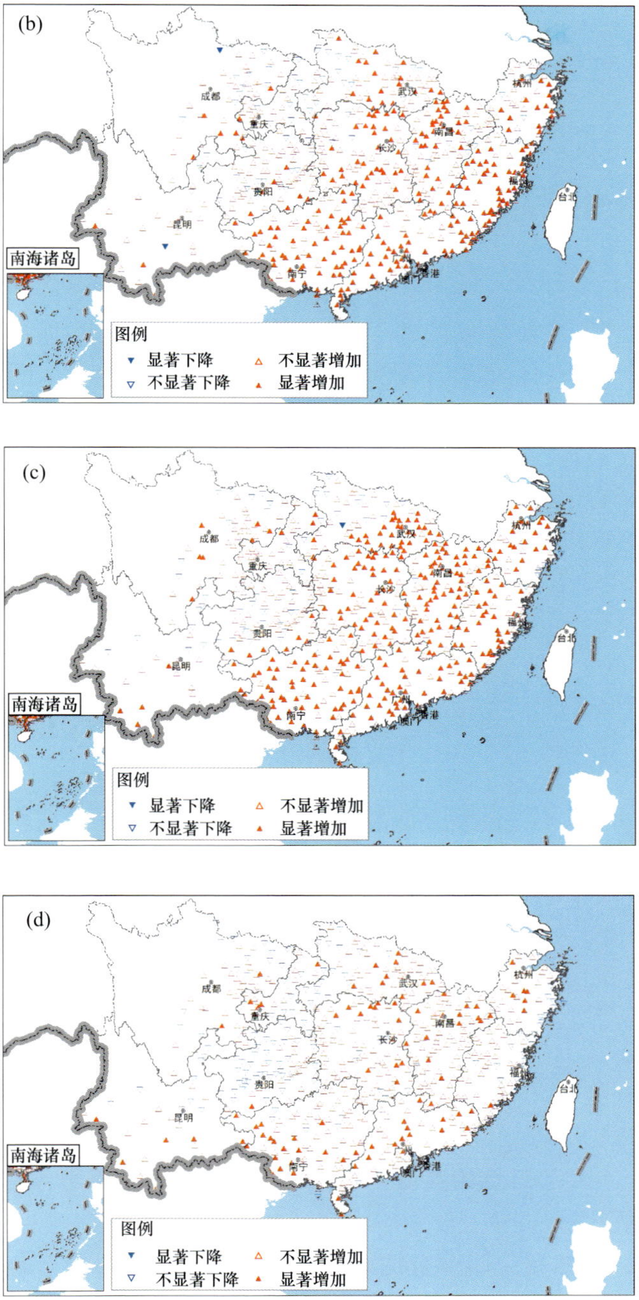

图 5.2　1961—2019 年不同等级柑橘高温低湿年均频次变化趋势空间分布

(a)总频次；(b)轻度；(c)中度；(d)重度

5.2 柑橘高温热害致灾因子分布特征

5.2.1 日平均气温≥30 ℃日数及时空分布

(1)时间分布

我国柑橘主产区主要分布在江西、湖南、湖北、浙江、重庆、四川、福建、广东、广西、云南、贵州等11省(区、市),本研究中温度灾害气候变化趋势主要考虑柑橘主产区11省(区、市)。根据1961—2019年我国柑橘主产区温度资料分析,历年日平均气温≥30 ℃的日数平均为11.8 d。其中2016年最高,达29.4 d,1974年最低,仅有4.3 d。从年代际变化来看,在20世纪70年代以后日平均气温≥30 ℃的日数逐步增多,20世纪70年代、80年代、90年代,21世纪00年代,10年代平均日数分别为9.4 d、9.9 d、10.0 d、14.8 d和16.1 d(见图5.3),近50 a来,高温影响表现为增加的趋势。

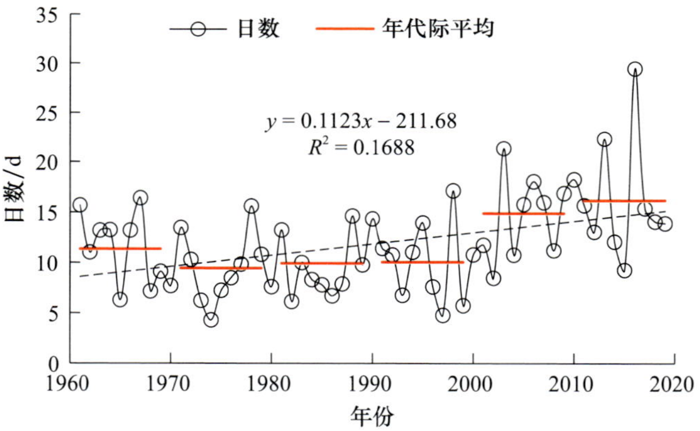

图5.3 1961—2019年柑橘主产区日平均气温≥30 ℃日数年际变化

(2)空间分布

日平均气温≥30 ℃日数的高值区(>20 d)主要集中在江西、湖南、湖北、浙江等省,其中年均日数超过30 d主要集中在江西和湖南南部;重庆中北部、湖北中西部、湖南西部、广东中西部和广西中东部地区在10～20 d之间;其余地区在10 d以下(图5.4a)。

从变化趋势的空间分布来看,柑橘主产区绝大部分站点≥30 ℃日数呈增加趋势,其中显著增加的站点主要集中在主产区的东部,江西、湖北、浙江、福建、广东和广西大部分站点呈显著增加趋势（$P<0.1$），而云南、贵州、四川、重庆和湖南大部分地区增加趋势并不显著（图 5.4b）。

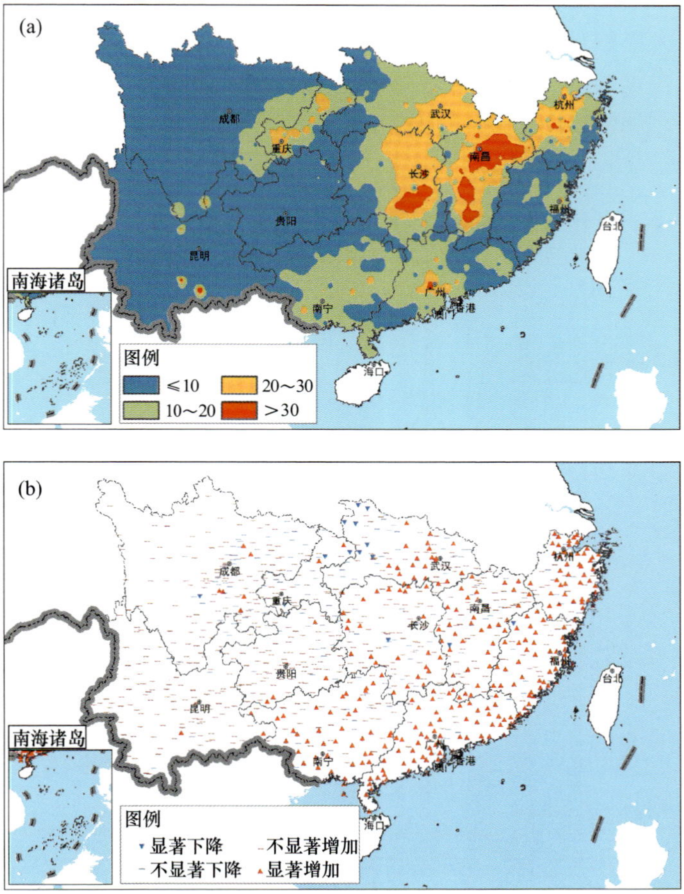

图 5.4　1961—2019 年柑橘主产区日平均气温≥30 ℃日数空间分布(a)及变化趋势(b)

5.2.2　最高气温≥35 ℃、37 ℃、38 ℃、39 ℃、40 ℃日数的时空变化

（1）时间分布

柑橘主产区日最高气温≥35 ℃、37 ℃、38 ℃、39 ℃、40 ℃的累积日数，年平均分别为 18.3 d、4.6 d、1.79 d、0.6 d 和 0.2 d。日最高气温出现日数以 35～37 ℃为主。由图 5.5可知，近 20 a 日最高气温≥35 ℃日数明显增加，高温对柑橘影响的风险明显加大。

(2)空间分布

最高气温≥35 ℃日数高值区(>30 d)主要集中在江西的大部、湖南东部、浙江西部以及福建中北部;湖北大部、湖南中西部以及两广地区在 10～30 d之间;云南、贵州以及四川大部的最高气温≥35 ℃日数均在 10 d 以下。最高气温≥35～38 ℃的日数主要集中在重庆、江西、湖南、浙江以及湖北部分地区;最高气温≥39 ℃的天数较少,多为 1～5 d,其中≥40 ℃日数主要集中在重庆,其他地区均在 1 d 以下(图 5.6)。

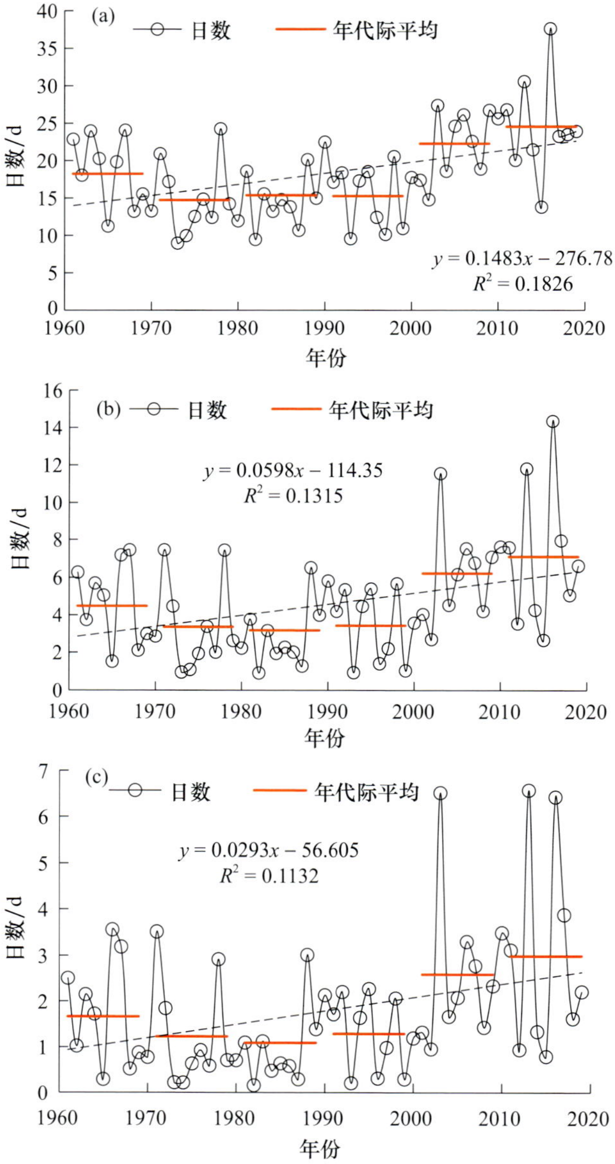

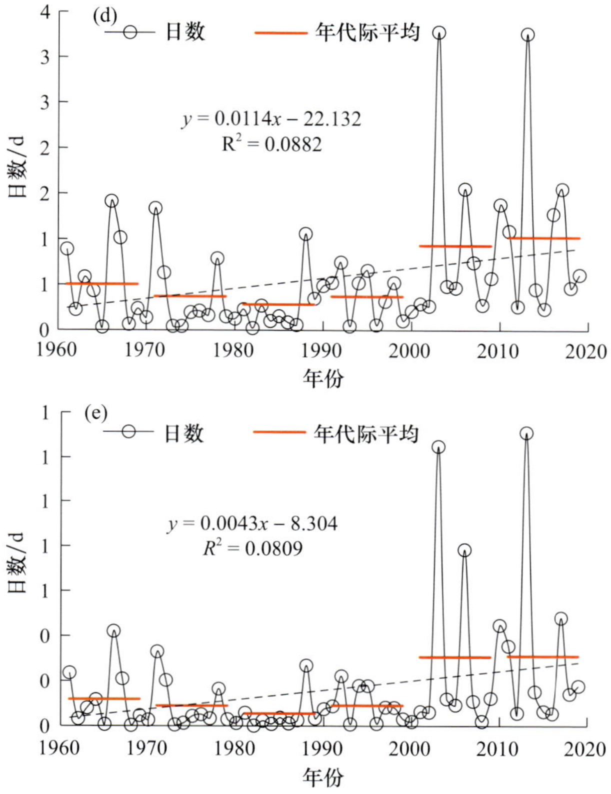

图 5.5 1961—2019 年柑橘主产区日最高气温≥35 ℃(a)、37 ℃(b)、38 ℃(c)、39 ℃(d)、40 ℃(e)日数变化

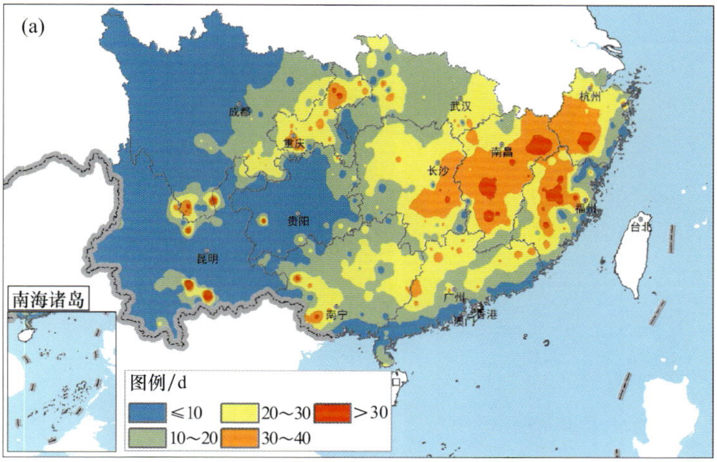

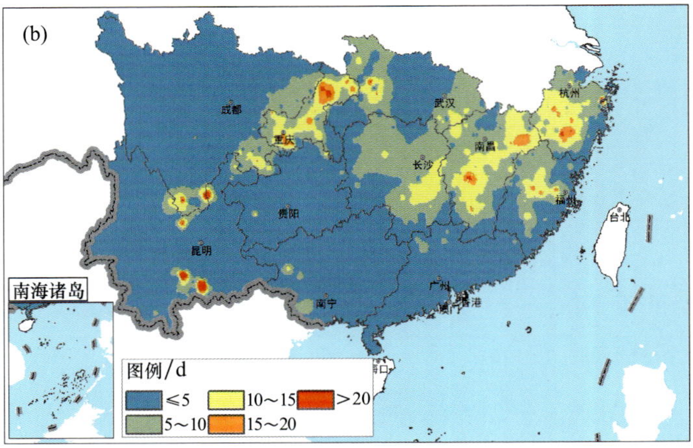
(b)
成都
重庆
武汉
杭州
南昌
长沙
福州
贵阳
台北
昆明
广州
香港
南宁
南海诸岛
图例/d
≤5
10～15
＞20
5～10
15～20

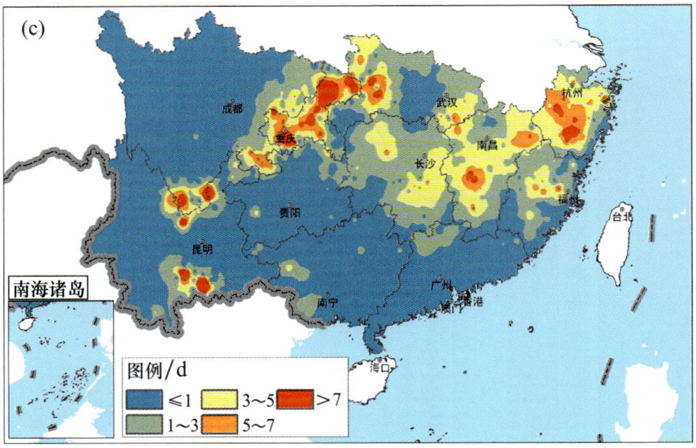
(c)
成都
重庆
武汉
杭州
南昌
长沙
福州
贵阳
台北
昆明
广州
香港
南宁
海口
南海诸岛
图例/d
≤1
3～5
＞7
1～3
5～7

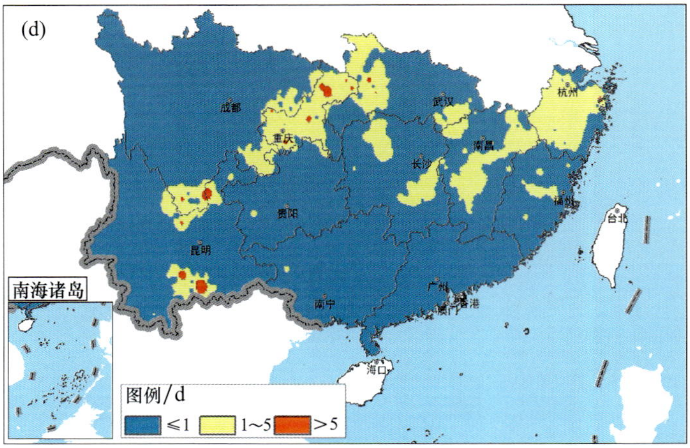
(d)
成都
重庆
武汉
杭州
南昌
长沙
福州
贵阳
台北
昆明
广州
香港
南宁
海口
南海诸岛
图例/d
≤1
1～5
＞5

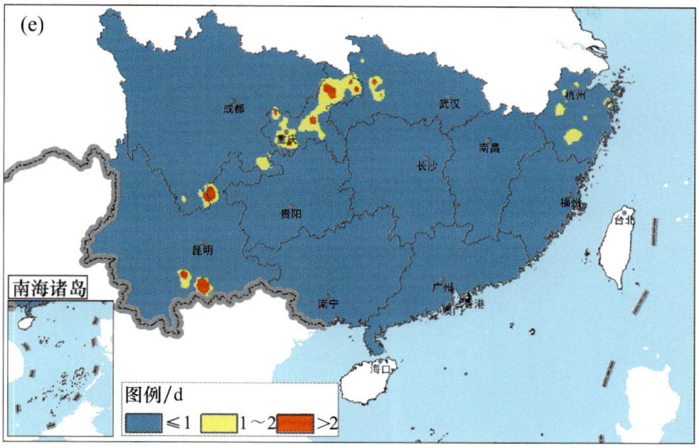

图 5.6　1961—2019 年最高气温≥35 ℃(a)、37 ℃(b)、38 ℃(c)、39 ℃(d)、40 ℃(e)日数空间分布

5.3　柑橘高温灾害致灾机理

5.3.1　高温人工控制试验

在 2020 年、2021 年高温季的 6—8 月，采用 RR-CTC02 便携式温控箱，在江西信丰县脐橙园开展的柑橘高温人工控制试验，试验设计了日最高温度 35 ℃、36 ℃、37 ℃、38 ℃、39 ℃、40 ℃、41 ℃、42 ℃等系列高温和常温对照，分别对带果、叶的柑橘枝条进行了不同强度的高温处理，各高温处理时间分别为 3 d、5 d、7 d 和 10 d，用于研究分析柑橘高温灾害致灾机理。

采用 Li-6800 光合速率仪和便携式叶绿素测定仪测定叶片的净光合速率和叶绿素含量。在每个处理的处理前、试验期间和试验结束后的当天，测定已处理果枝和对照果枝的叶片叶绿素含量、光合作用参数和果径大小；试验处理期间，对于每个处理的第 3 天、第 5 天、第 7 天、第 10 天开展测定，每次测定叶片数量 5 片；试验结束后叶绿素含量和果径大小每 3 天测定一次，连续测定 3 次，1 个月时再观测 1 次结束。

试验研究表明，35 ℃、36 ℃的高温处理与对照相比，柑橘的光合生理参数几乎无变化。37 ℃的高温处理和对照相比在处理第 7 天时无差异反应，但到处理 10 天时，光合生理参数出现差异；在处理第 10 天结束试验后的第 5 天光合参数测定表明，37 ℃的高温处理对光合生理的影响明显(见下面各图 37 ℃处理)。因而在后续的柑橘高温研究中，在不考虑土壤水分限制等其他条件下，原则上只分析 37 ℃及以上高温对柑橘生产的影响。

5.3.2 柑橘光合特性季节变化

为分析温度对柑橘光合生理的影响，研究中采用光合测定仪（Li-6800）对柑橘成年果树全年各月的光合参数进行了测定分析，图 5.7 为脐橙光合生理参数的季节变化。由图可知，脐橙的光合生理参数存在明显的季节，其光合特性与脐橙生长状况和环境温度密切相关。

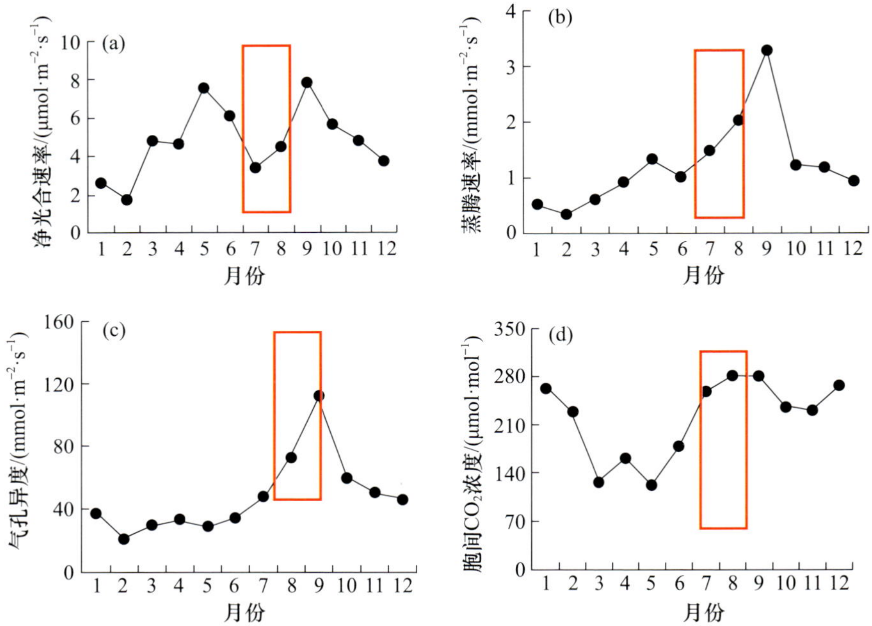

图 5.7 脐橙光合参数的季节变化

(a)净光合速率；(b)蒸腾速率；(c)气孔导度；(d)胞间 CO_2 浓度

净光合速率（*P*n）：全年表现为两个低谷、两个高峰型的变化特征（图 5-7a），2 月和 7 月出现低谷值，5 月和 9 月出现高峰值。由于每年柑橘需经历较长的越冬期（12—2 月），柑橘生长缓慢或基本停止生长，至 2 月，其生长状况一般为全年的最差阶段，此时期环境气温低，部分柑橘枯枝、落叶显现，因而净光合速率出现全年的最低谷值；进入 3 月份，随着环境温度的升高，柑橘的生长机能迅速得到恢复，净光合速率明显增加，至 5 月柑橘达到良好的生长状态，环境温度也适宜柑橘的生长，柑橘净光合速率出现全年的第一次峰值；进入高温季节（7—8 月），由于高温对柑橘生长的胁迫作用，柑橘遭受高温热害影响，净光速率出现了全年第二次低谷值；进入 9 月份，随着高温的消失，柑橘的生长机能和温度适用程度达到最佳的配合状态，净光合速率出现了全年的第二次峰值；进入 11 月份以后，随着温度的降低，净光合速率逐渐下降。

蒸腾速率（*Tr*）、气孔导度（*Gs*）：全年表现为单峰型，峰值出现在 9 月份，可能由于 9 月份柑橘生长旺盛且温度适宜、空气干燥等原因使得蒸腾速率、气孔导度达到全年的最高值，因而该时段灌溉补水对柑橘生产至关重要。另外，高温也使柑橘的蒸腾速率、气孔导度增加，如图 5-7b 中的 7—8 月份蒸腾速率、气孔导度为全年的相对较高时期。图中 6 月份的蒸腾速率相对 5 月份为小的主要原因是由于光合测定年份（2020 年）的 6 月，其降水明显偏多，处于主汛期，空气相对湿度偏高，致使蒸腾速率减小。

胞间 CO_2 浓度（*Ci*）：全年表现为 3—5 月偏低，其他月份偏高，尤其在高温季和低温季胞间 CO_2 浓度明显偏高，说明不利的温度条件使柑橘叶片胞间 CO_2 浓度明显升高，CO_2 利用率下降，净光合速率下降。

5.3.3 高温对柑橘叶片叶绿素含量的影响

叶绿素是植物进行光合作用是必需的催化剂，光合作用的第一步是光能被叶绿素吸收并将叶绿素离子化，氧是由叶绿体释放出来的，缺乏叶绿素光合作用就无法进行，高温处理使叶片叶绿素含量明显下降，对光合作用产生明显影响。

和对照相比，经过高温处理的叶片，其叶绿素含量均比对照偏低。37 ℃、39 ℃、40 ℃高温处理均使叶绿素含量下降。处理 10 d 时间的叶绿素含量和对照相比平均分别下降 7.2％、4.3％、6.1％（见图 5.8）。

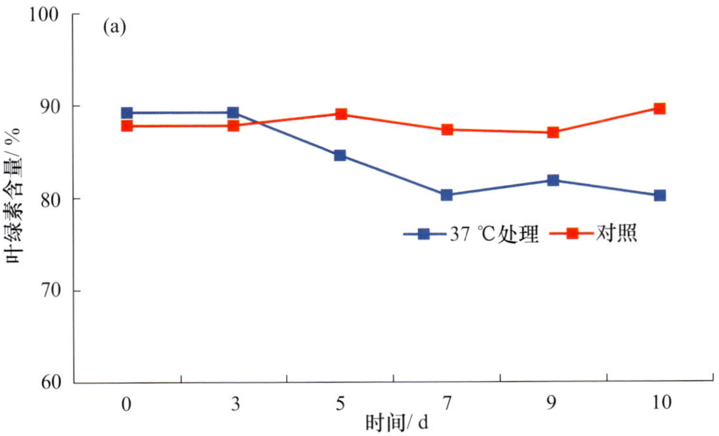

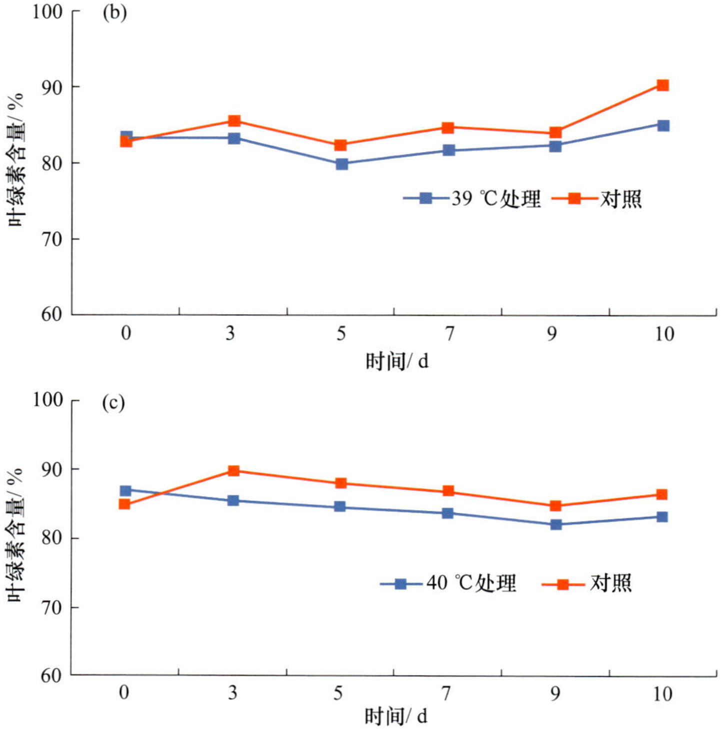

图 5.8　不同高温处理下叶绿素含量变化

(a)37 ℃;(b)39 ℃;(c)40 ℃

5.3.4　高温对柑橘光合生理的影响

高温试验研究表明,与对照(CK)相比,高温处理使柑橘叶片净光合速率(P_n)、蒸腾速率(T_r)和气孔导度(G_s)明显降低。胞间 CO_2 浓度则表现出与净光合速率、蒸腾速率和气孔导度相反的特征,高温使得胞间 CO_2 浓度(C_i)升高。且高温处理时间越长,光合生理受高温胁迫就越明显,光合生理变化与对照差异就越大。和对照相比,37 ℃处理 10 d 和 38 ℃以上高温处理下,脐橙 P_n、T_r、G_s 的降幅和 C_i(除 37 ℃处理 10 d)的增幅,均达显著水平($P<0.05$),如图 5.9—图 5.12 所示。

总体上来看,高温季节,在不考虑土壤水分影响的情形下,日最高气温 37 ℃持续 7 d 和 36 ℃以下高温对柑橘光合生理不产生影响。37 ℃高温持续 10 d 和 38 ℃以上高温对柑橘光合生理产生明显影响。结合高温处理下 T_r、P_n、G_s 和 C_i 变化幅度,37 ℃-10 d、38 ℃-5 d 的处理,高温热害影响较轻;38 ℃-7 d、39 ℃-5 d、39 ℃-7 d、40 ℃-5 d 的处理,高温热害影响较重;38 ℃-10 d、39 ℃-10 d、40 ℃-7 d、40 ℃-10 d 处理和 41 ℃、42 ℃所有天数处理,高温热害影响严重。

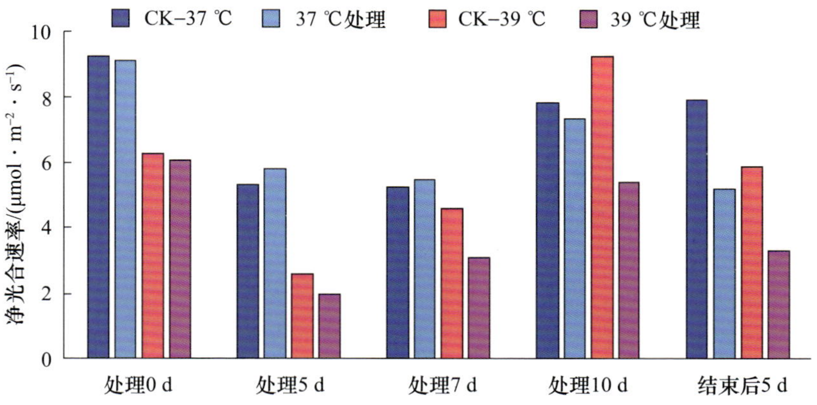

图 5.9　37 ℃、39 ℃高温处理净光合速率与对照的比较

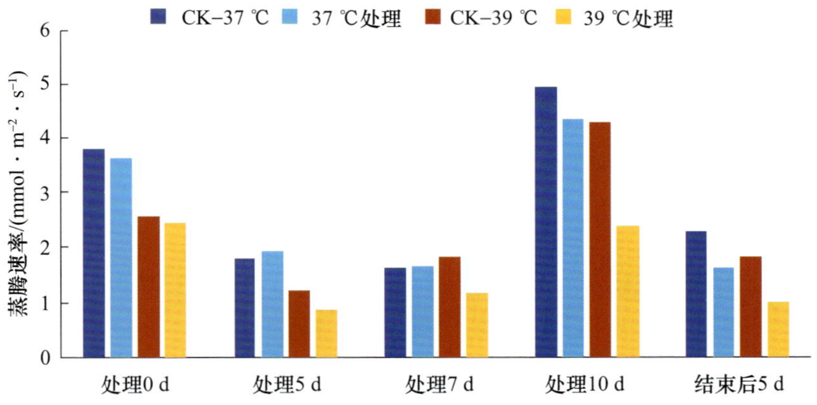

图 5.10　37℃、39 ℃高温处理蒸腾速率与对照的比较

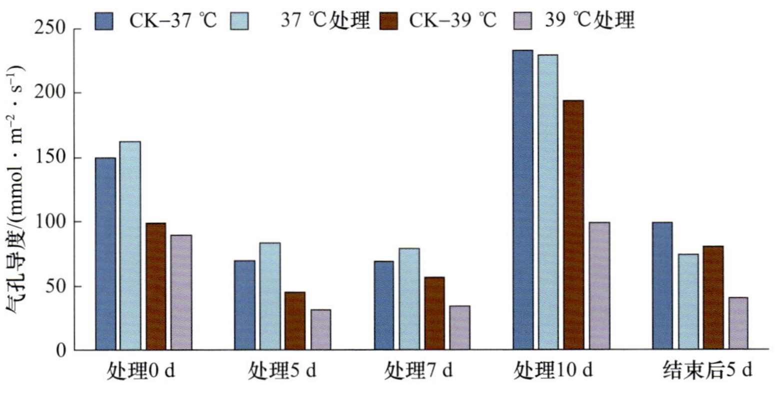

图 5.11　37 ℃、39 ℃高温处理气孔导度与对照的比较

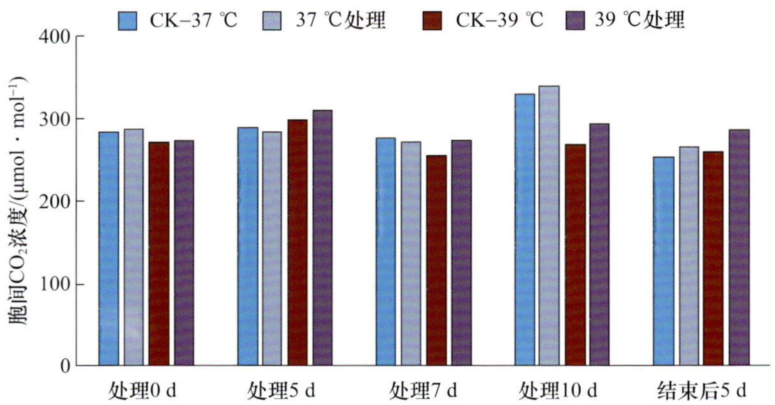

图 5.12　37 ℃、39 ℃高温处理胞间 CO_2 浓度与对照的比较

另外，由图 5.9—图 5.12 还可以看出，在高温处理的第 10 天，无论是对照还是试验处理，柑橘树的光合生理参数值明显高于其他时间的测定值，这是由于在试验观测的前一天中午，试验基地 12:00—15:00 降雨量达 26 mm，高温季节良好的土壤水分供应，使得柑橘的高温得到缓解，柑橘生长机能变佳，柑橘光合作用明显增强。

5.3.5　柑橘高温灾害致灾机理解析

37 ℃及以上高温使柑橘叶片叶绿素合成受阻，气孔导度下降，胞间 CO_2 浓度上升，叶肉细胞结构破坏，光化学效率、电子传递速率和核酮糖-1,5-二磷酸羧化酶/加氧酶(Rubisco)活性降低，光系统Ⅱ反应中心受损或失活，造成光合速率、蒸腾速率和同化能力下降，导致叶绿素含量下降，CO_2 和水汽传输受阻，CO_2 利用率下降，净光合速率和有机物积累降低，植株整体机能下降。

另外，根据文献分析，高温条件下，植物体内活性氧自由基过多产生，抗氧化酶(过氧化氢酶、过氧化物酶、超氧化物歧化酶)活性和渗透保护性物质(可溶性糖、可溶性蛋白、脯氨酸)含量降低，细胞膜损伤(丙二醛含量)增加。最终高温和伴随的强光照导致脐橙果面灼伤，果实膨大受阻，产量和品质降低。研究发现尽管 37 ℃及以上的高温对脐橙的生理及形态特征影响明显，但在高温对脐橙品质的影响研究中，发现 35 ℃的高温与脐橙果品品质的变化关系密切相关(见后文)，尽管 35 ℃的高温对果树生长和生理特征影响不是很明显，但长时间高温还是具有一定的累积影响。

5.4　柑橘高温灾害指标

根据脐橙园野外高温科学试验，并结合前人研究成果（柏秦凤 等，2019），建立了脐橙高温热害指标（表 5.2）。

表 5.2　脐橙高温热害指标

高温热害等级	日最高温度 T_{max}/℃	高温持续天数/d	受害形态特征
轻度热害	$37 \leqslant T_{max} < 38$	≥10	果实出现斑点状，部分叶片出现卷曲
	$38 \leqslant T_{max} < 39$	3～7	
	$39 \leqslant T_{max} < 40$	3～5	
中度热害	$38 \leqslant T_{max} < 39$	7～10	果实出现斑点状、干硬，部分叶片出现卷曲
	$39 \leqslant T_{max} < 40$	5～10	
	$40 \leqslant T_{max} < 41$	3～5	
重度热害	$38 \leqslant T_{max} < 40$	>10	果实出现干硬、偏小，部分叶片出现萎蔫、变黄
	$40 \leqslant T_{max} < 41$	>5	
	$T_{max} \geqslant 41$	≥2	

不同高温条件对脐橙形态特征的影响不同。高温强度越高，持续时间越长，脐橙受灾的外观形态特征表现就越明显。试验中最高温度 37 ℃持续 7 d 以下和 36 ℃处理的脐橙果实、叶片和枝条生长表现正常。日最高温度 37 ℃持续 10 d 以上、38 ℃持续 3～7 d 和 39 ℃持续 3～5 d 处理后，果实出现斑点状，部分叶片出现卷曲；38 ℃持续 7～10 d、39 ℃持续 5～10 d 和 40 ℃持续 3～7 d 处理后，果实出现斑点状、干硬，部分叶片出现卷曲；38 ℃、39 ℃持续≥10 d 和 40 ℃持续≥7 d 处理，果实出现干硬、偏小、部分叶片出现萎蔫；41 ℃持续≥3 d 高温处理，果实出现干硬、部分脱落，叶片变黄、部分干枯，部分枝条出现干枯死亡等现象。根据高温人工控制试验中柑橘光合生理的变化和高温对脐橙形态特征的影响，基于高温影响的强度、持续时间和脐橙出现的生理与外观形态特征变化，划分了脐橙高温灾害指标等级。

5.5　高温对柑橘品质的影响

根据 2008—2011 年、2019—2020 年江西赣南脐橙种植县脐橙品质测定数据（可溶性固形物、单果重、可食率、维生素 C 和总酸）和气象数据（包括逐日最高气温、最低气温、平均气温和降水量等)，研究分析高温对柑橘果品品质的影响。

5.5.1 高温对柑橘气候品质影响评价方法

(1)高温参数的确定

极端天气过程可从持续时间和强度两方面进行参数化。高温持续时间为气温超过阈值的日数，即高温日数；高温强度表示气温超过阈值的累积，又称有害积热 S。

$$S = \sum_{i=1}^{n}(T_i - T_s) \tag{5.1}$$

式中，T_i 和 T_s 分别表示气温值和高温阈值，满足 $T_i \geqslant T_s$。

在江西赣南脐橙主产区果实膨大期主要集中在 6—9 月，研究中以月为单位，分别计算日平均气温≥30 ℃、最高气温≥35 ℃以及最低气温≥24 ℃的高温日数和有害积热，其中最高气温≥35 ℃表示日间高温，最低气温≥24 ℃表示夜间高温，日平均气温≥30 ℃表示平均高温。

(2)品质因子波动模型构建

果实膨大期也是脐橙品质形成的关键期，其中高温是影响品质形成的主要环境限制因素，同一种植区不同年份柑橘品质差异与年份之间的高温密切相关。研究中计算了不同年份之间的品质波动量 ΔQ 和高温参数变化量 $\Delta \mathrm{HI}$：

$$\Delta Q = \frac{Q_i - Q_j}{Q_j} \times 100\% \qquad i \neq j \tag{5.2}$$

$$\Delta \mathrm{HI} = \mathrm{HI}_i - \mathrm{HI}_j \qquad i \neq j \tag{5.3}$$

式中，Q_i 和 Q_j 分别表示第 i 年和第 j 年品质因子的数值，HI_i 和 HI_j 分别表示第 i 年和第 j 年高温参数值。

采用 Pearson 相关分析法，选取与品质波动显著相关的高温参数作为自变量，利用多元逐步线性回归法确定品质波动与高温参数变化量的回归方程，即品质波动模型。由于固酸比是可溶性固形物和总酸的综合表征，考虑到气候条件对柑橘果品品质因子的直接影响，并结合多因子逐步回归方法，本研究中选取固酸比、单果重和维生素 C 等三种品质因子构建品质波动模型：

$$\Delta Q = a_1 \times \Delta \mathrm{HI}_1 + a_2 \times \Delta \mathrm{HI}_2 + \cdots\cdots + a_n \times \Delta \mathrm{HI}_n + b \tag{5.4}$$

式中，ΔQ 为品质波动量；$\Delta \mathrm{HI}_n$ 表示第 n 个高温参数的变化量；a_n 为对应的回归系数，$a_n > 0$ 表示对应的高温参数增大，品质变好；b 为回归截距。

(3)高温影响品质单因子的等级划分

以 1981—2020 年高温参数平均值作为基准值，将逐年高温参数与基准值之差代入品质波动模型，得到江西省赣南安远、赣县、会昌、南康、全南、信丰和于都等 7 个脐橙主产县 40 a 共 280 个的品质因子波动序列。采用 Easyfit 软件对波动序列进行概率分布拟合。

假定品质因子波动序列的累积概率密度为 $F(\Delta Q)$，品质下降（即波动幅度 $\Delta Q<0$）的概率为：

$$P(\Delta Q<0)=F(0) \tag{5.5}$$

按照 3∶2∶1 的比例对 $P(\Delta Q<0)$ 进行划分，查找 $\frac{1}{6}P(\Delta Q<0)$ 对应的概率密度逆函数值为 ΔQ_1，$\frac{3}{6}P(\Delta Q<0)$ 对应的概率密度逆函数值为 ΔQ_2，则当 $\Delta Q\leqslant\Delta Q_1$ 为重度影响，$\Delta Q_1<\Delta Q\leqslant\Delta Q_2$ 为中度影响，$\Delta Q_2<\Delta Q\leqslant 0$ 为轻度影响。

（4）高温影响评估指数及等级确定

采用加权求和法建立赣南脐橙高温影响评估指数（HIEI：High-temperature impact evaluation index）：

$$\mathrm{HIEI}=\sum W_i\times\Delta Q_i \tag{5.6}$$

式中，ΔQ_i 为第 i 个品质因子的波动模型，W_i 为第 i 个品质因子的权重系数。类似地，对品质单因子高温影响等级进行加权求和，获得高温影响评估指数 HIEI 的等级阈值。

权重系数 W_i 采用层次分析法确定，固酸比比单果重重要（评价值为 3），比维生素 C 略重要（评价值为 2），维生素比单果重略重要（评价值为 2），判断矩阵见表 5.3。判断矩阵的一致性比例为 C. R. ＝0.08，小于 0.1，接受层次排序结果，获得各品质因子权重固酸比为 0.54，单果重为 0.16，维生素 C 为 0.30。

表 5.3　赣南脐橙品质评价指标判别矩阵

品质因子	固酸比	单果重	维生素 C
固酸比	1	3	2
单果重	1/3	1	1/2
维生素 C	1/2	2	1

注：一致性比例 C. R. ＝0.08。

5.5.2　高温对柑橘品质因子的影响

（1）高温与柑橘品质因子的相关性分析

对于特定的柑橘种植区，柑橘品质年际间的波动变化主要受气候波动变化的影响，因而研究中主要分析年际间气候变化的波动对品质波动造成的影响。由于各品质因子与 7 月、8 月、9 月份高温参数表现出一致的相关性，因而研究中主要分析 7 月、8 月、9 月各月及 7—9 月累积高温参数的变化与柑橘品质因子的波动变化间的相关性。表 5.4 为各品质因子波动序列（ΔQ）与高温参数变化量（$\Delta\mathrm{HI}$）的相关系数。

表 5.4 可溶性固形物波动量与高温参数变化量的相关系数

品质因子	高温类型	有害积热					日数				
		6 月	7 月	8 月	9 月	7—9 月	6 月	7 月	8 月	9 月	7—9 月
可溶性固形物	平均气温≥30 ℃	−0.16	0.43*	0.29	0.49*	0.50**	−0.02	0.60**	0.44*	0.73**	0.76**
	最低气温≥24 ℃	−0.15	0.31	0.57**	0.71**	0.57**	−0.05	0.50**	0.10	0.49*	0.08
	最高气温≥35 ℃	−0.08	0.36	0.76**	0.79**	0.89**	−0.04	0.63**	0.45*	0.79**	0.81**
总酸	平均气温≥30 ℃	−0.68**	0.63**	0.71**	0.13	0.75**	−0.63**	0.48*	0.66**	0.47*	0.66**
	最低气温≥24 ℃	−0.62**	0.65**	0.44*	0.71**	0.73**	−0.54**	0.00	0.15	0.35	0.11
	最高气温≥35 ℃	−0.50**	0.24	0.78**	0.34	0.65**	−0.54**	0.71**	0.49*	0.43*	0.72**
固酸比	平均气温≥30 ℃	0.71**	−0.55**	−0.61**	−0.12	−0.59**	0.67**	−0.31	−0.42*	−0.16	−0.37
	最低气温≥24 ℃	0.59**	−0.47*	−0.07	−0.42*	−0.43*	0.51**	−0.17	−0.44*	−0.03	−0.18
	最高气温≥35 ℃	0.57**	−0.34	−0.41*	−0.01	−0.29	0.57**	−0.66**	−0.05	−0.17	−0.41*
单果重	平均气温≥30 ℃	0.20	−0.41**	−0.32	−0.27	−0.46*	0.22	−0.50**	−0.53**	−0.38	−0.59**
	最低气温≥24 ℃	0.29	−0.39*	−0.53**	−0.59**	−0.57**	0.20	−0.08	−0.04	−0.45	−0.23
	最高气温≥35 ℃	0.03	−0.02	−0.70**	−0.46*	−0.62**	0.12	−0.57**	−0.42	−0.64**	−0.70**
维生素 C	平均气温≥30 ℃	0.33	−0.16	−0.41	−0.05	−0.32	0.51**	−0.01	−0.28	−0.13	−0.04
	最低气温≥24 ℃	0.45*	−0.30	−0.16	−0.16	−0.28	0.51**	−0.77**	−0.17	−0.22	−0.60**
	最高气温≥35 ℃	0.45*	0.37	0.07	0.26	0.24	0.42*	0.12	0.19	0.29	0.10

注：* 和 ** 分别表示相关系数达到 0.05 和 0.01 显著性水平。

具体来看，可溶性固形物和总酸与6月份高温参数呈负相关关系，其中总酸达到极显著负相关水平($P<0.01$)；而两者与7—9月的高温参数呈正相关，除最低气温≥24 ℃日数外，均达到极显著水平($P<0.01$)。这表明6月高温不利于可溶性固形物和总酸的积累，而7—9月高温偏多有利于两者的积累。这主要是由于7—9月是总糖增加、总酸转化降解期，温度适当偏高光合作用增强，从而导致可溶性固形物含量增加，而高温同样导致作物蒸腾量增加，果汁水分下降，不利于有机酸稀释和转化，故而总酸积累增多。

固酸比是可溶性固形物和总酸的比值，是果实风味的重要评价指标，随着水果的成熟，其中的可溶性固形物含量升高而酸的含量减少，水果风味得到较大提升。6月高温参数与总酸呈极显著负相关，而与可溶性固形物相关性并不显著。7—9月高温参数越大，总酸增加幅度大于可溶性固形物，导致固酸比降低，因此，固酸比与7—9月高温参数呈负相关，其中与7—9月平均气温≥30 ℃有害积热、7—9月最低气温≥24 ℃有害积热以及7—9月最高气温≥35 ℃日数呈显著负相关($P<0.05$)。

单果重与6月高温参数呈不显著正相关关系($P>0.05$)，即6月最高气温越高，脐橙单果重越高。单果重与7—9月高温参数呈负相关关系，除7—9月最低气温≥24 ℃日数外，负相关关系均达到$P<0.05$的显著性水平。这表明7—9月高温参数越大，单果重越小。这可能与高温影响果实大小及汁囊发育有关。

维生素C含量与6月份高温参数呈正相关关系，除平均气温≥30 ℃有害积热外，相关系数显著性均达$P<0.05$水平。对于7—9月，日间和夜间高温对维生素C的影响不同，维生素C含量与平均气温≥30 ℃和最低气温≥24 ℃高温参数均呈负相关，其中与7—9月夜间高温日数呈极显著负相关($P<0.01$)。而维生素C含量与最高气温≥35 ℃(即日间高温)的高温参数呈正相关关系，但均不显著。

(2)柑橘品质单因子波动模型及验证

各品质因子波动模型见表5.5。由表可知，各品质因子波动方程的决定系数在0.51～0.81之间，表明品质因子波动模型拟合效果较好。其中固酸比的模拟效果最好，决定系数R^2为0.81，其次是维生素C，R^2为0.62，单果重模拟的决定系数R^2为0.51。

表5.5 品质因子波动量与高温参数变化量回归方程

品质因子	回归方程	R^2
固酸比(*SAR*)	$\Delta SAR=-0.571\times\Delta x_1+4.067\times\Delta x_2-3.614$	0.81
单果重(*SW*)	$\Delta SW=-1.213\times\Delta x_1+0.765\times\Delta x_2+12.817$	0.51
维生素C(*VC*)	$\Delta VC=1.115\times\Delta x_2-0.620\times\Delta x_3-3.599$	0.62

注：Δx_1：7—9月最高气温≥35℃日数变化量；Δx_2：6月平均气温≥30 ℃日数变化量；Δx_3：7—9月最低气温≥24℃日数变化量

利用赣南的宁都县和信丰县2019年、2020年品质实测资料对品质单因子波动模型进行验证，见表5.6。由表可知，2020年宁都和信丰脐橙品质优于2019年，以宁都为例，固酸比、单果重和维生素C分别增加了15.53%、33.93%和0.56%。波动模型模拟的波动量与实际波动量较为吻合，波动量的正负方向模拟准确率100%，模拟波动量的量级亦与实际波动量一致，表明本节构建的品质因子波动模型具有较好的模拟效果。

表5.6　宁都县和信丰县2019年、2020年品质实测波动量与模拟对比

品质因子	县名	品质实测值		实际波动量/%	模拟波动量/%
		2019年	2020年		
固酸比/%	宁都	26.4	30.5	15.53	13.73
	信丰	24.2	24.7	2.07	0.95
单果重/g	宁都	252.26	337.85	33.93	26.03
	信丰	257.53	294.03	14.17	22.52
维生素C/(mg/100g)	宁都	53.5	53.8	0.56	0.37
	信丰	55.8	56.1	0.54	0.12

(3)柑橘品质单因子高温影响等级划分

利用波动模型对1981—2020年固酸比、单果重和维生素C的品质波动进行模拟，对波动序列进行概率分布拟合，结果表明各品质波动量序列符合Log-logistic分布，概率密度分布见图5.13。将波动量小于0的累积概率按照3∶2∶1的比例进行划分，确定各品质因子的不同等级阈值，见表5.7。

表5.7　不同品质因子高温影响等级指标

影响等级	品质因子波动量/%		
	固酸比	单果重	维生素C
轻	[−8.5,0.0)	[−5.0,0.0)	[−6.0,0.0)
中	[−15.5,−8.5)	[−10.0,−5.0)	[−11.0,−6.0)
重	<−15.5	<−10.0	<−11.0

对于固酸比，当$-8.5\leqslant\Delta SAR<0$、$-15.5\leqslant\Delta SAR<-8.5$和$\Delta SAR<-15.5$分别为轻度、中度、重度影响，对应的概率分别为0.33、0.22和0.11(图5.13a)；对于单果重，当$-5\leqslant\Delta SW<0$、$-10\leqslant\Delta SW<-5$和$\Delta SW<-10$分别为轻度、中度、重度影响，对应的概率分别为0.15、0.09和0.05(图5.13b)；对于维生素C，当$-6\leqslant\Delta VC<0$、$-11\leqslant\Delta VC<-6$和$\Delta VC<-11$分别为轻度、中度、重度影响，对应的概率分别为0.36、0.23和0.12(图5.13c)。

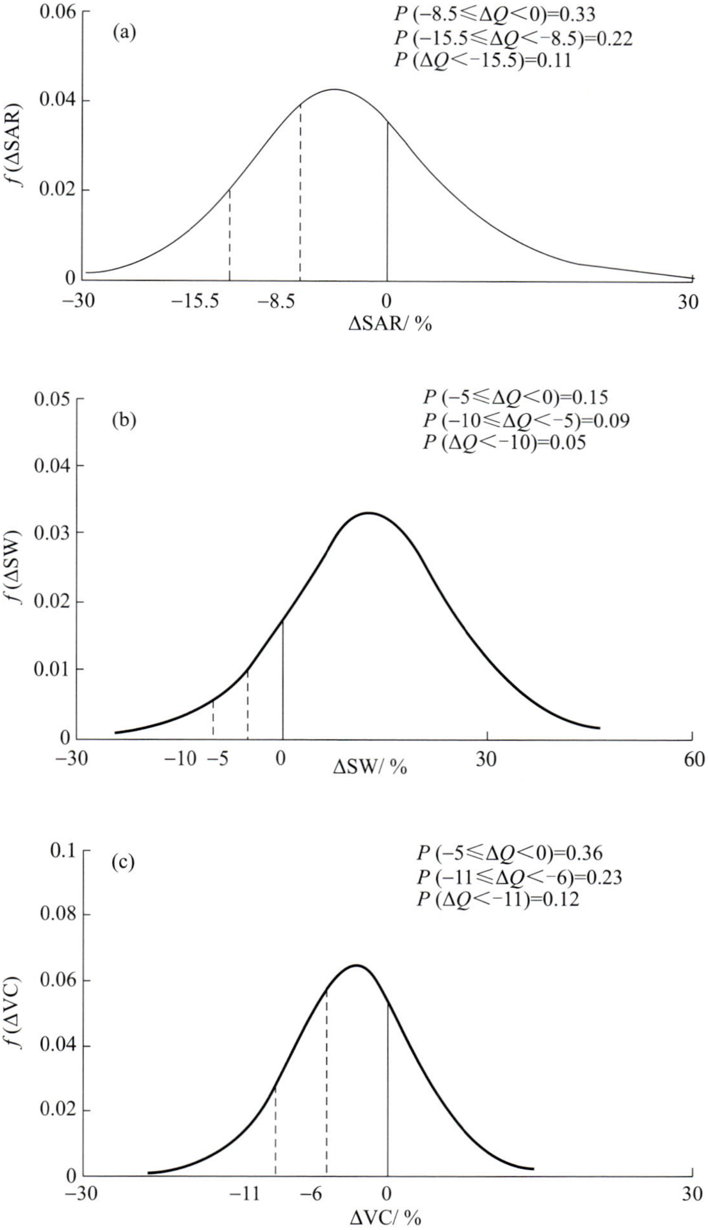

图 5.13 1981—2020 年各品质因子波动量概率分布曲线

(a)固酸比;(b)单果重;(c)维生素 C

5.5.3 高温对柑橘的影响评估

(1)高温影响评估指数模型及等级指标

以层次分析法确定的各品质因子权重系数，对各品质因子的波动模型进行加权求和处理，得到赣南脐橙高温影响评估指数(high-temperature impact evaluation index，HIEI)：

$$HIEI=0.54\times\Delta SAR+0.16\times\Delta SW+0.30\times\Delta VC \quad (5.7)$$

将表 3.2 中各品质因子波动模型代入上式，整理后得到高温影响评估指数 HIEI 如下：

$$HIEI=-0.50\times\Delta x_1+2.65\times\Delta x_2-0.19\times\Delta x_3-0.98 \quad (5.8)$$

式中，Δx_1、Δx_2和Δx_3分别表示 7—9 月最高气温≥35 ℃日数与 1980—2020 年平均值之差、6 月平均气温≥30 ℃日数与 1980—2020 年平均值之差和 7—9 月最低气温≥24 ℃日数与 1980—2020 年平均值之差。

根据式(5.8)高温影响评估指数，得出赣南脐橙高温影响等级阈值如表 5.8 所示。

表 5.8 赣南脐橙高温影响评估指数等级阈值

影响等级	阈值
轻	−7≤HIEI<0
中	−13≤HIEI<−7
重	HIEI<−13

同理，采用加权求和法对表 5.8 中品质单因子的影响等级进行加权求和处理，得到高温影响评估指数 HIEI 的等级阈值：高温影响评估指数−7≤HIEI<0 为轻度等级，−13≤HIEI<−7 为中度等级，HIEI<−13 为重度等级。

(2)高温影响评估指数的应用

以赣南脐橙主产区为例，研究计算了 1981—2020 年江西省安远、赣县、会昌、南康、全南、信丰和于都 7 个脐橙主产县(区)的高温影响评估指数(HIEI)(图 5.14)。由图可知，研究中构建的高温影响评估指数(HIEI)达到中度以上影响的主要年份有 1989 年(赣县)、1992—1993 年(于都)、1998 年(信丰和于都)、2003 年(赣县、会昌、南康、信丰和于都)、2005 年(赣县、南康、信丰和于都)、2010 年(赣县、会昌、南康、信丰和于都)、2014 年(赣县、会昌和南康)和 2017 年(全南)，与实际情况较为相符。高温影响评估指数 HIEI 能够用于赣南脐橙高温影响评估和气候品质评价等应用中。

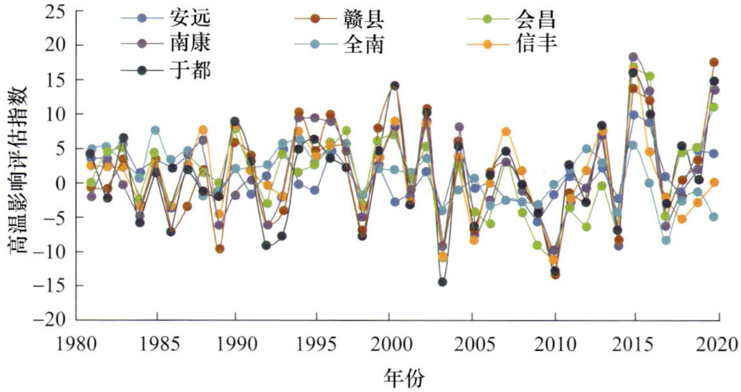

图 5.14　1981—2020 年脐橙主产县(区)高温影响评估指数变化特征

第 6 章

柑橘低温冻害

低温冻害是指冬季温度过低会使柑橘受冻，难以安全越冬。不同品种，受冻的指标不同，如：夏橙极端最低气温不低于－3 ℃，甜橙不低于－4 ℃，温州蜜柑不低于－5 ℃。实际生产中，根据冻害的发生及危害程度，又分为受冻、轻冻害、中冻害和重冻害等冻害等级。不同的品种，不同等级的冻害，温度指标不同。

同一座山丘，一般南坡温暖，北坡较冷，因此北坡柑橘冻害比南坡重，东坡和东南坡又比西坡和西南坡重。我国寒潮来自北方，北坡首当其冲，气温下降快，风速大，特别是干燥的西北风导致柑橘大量蒸腾而降低树温和失水，加剧了落叶和冻害，因此在柑橘园的北面如果有山体作为屏障，则可减弱平流，使风速减小，降温缓和，冻害减轻。但应注意的是，在晴冻型天气中和雪霜型天气中，南坡日较差比北坡大，因而南坡应采取措施，避免白天回温过快、过急、过大而引起的危害。

6.1 柑橘低温冻害致灾因子分布特征

6.1.1 主产区日最低气温≤0 ℃日数的时间分布

1961—2019 年柑橘主产区日最低气温≤0 ℃年平均日数为 16.9 d，历年呈波动式下降趋势（－0.19 d/a），20 世纪 60 年代低温日数为 21.7 d，而 21 世纪 00 年代为 13.2 d，下降幅度达 39.2%。柑橘主产区日最低气温≤0 ℃日数愈来愈少，说明柑橘低温冻害发生风险近几十年逐渐减弱（图 6.1）。

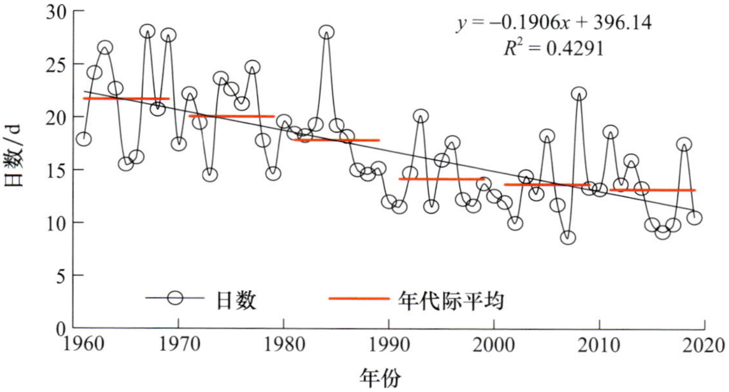

图 6.1　1961—2019 年柑橘主产区日最低气温≤0 ℃的日数变化

6.1.2　主产区日最低气温≤0 ℃日数的空间分布

从低温日数的空间分布看(图 6.2),除川西高原外,柑橘主产区低温日数主要发生在湖北北部>30 d,江西北部、湖北南部以及浙江大部地区低温日数在 20～30 d 左右,贵州大部、湖南大部、江西中部以及福建北部的低温日数在 10～20 d 左右,华南大部以及云南和四川盆地在 10 d 以下。

除华南、云南大部以及四川西部地区外,其他地区低温日数均呈显著下降趋势。

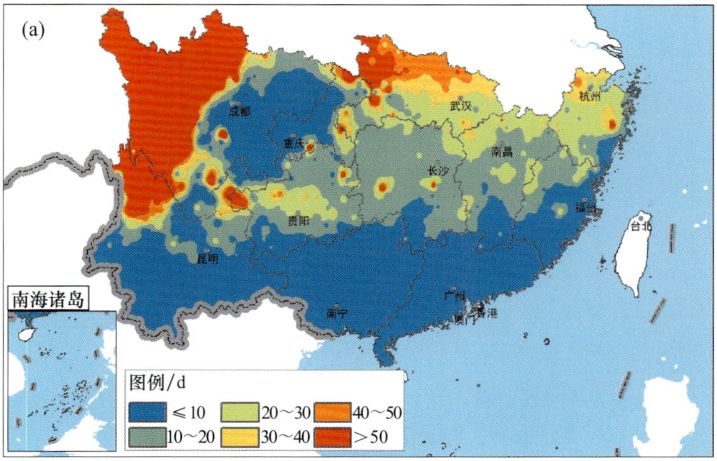

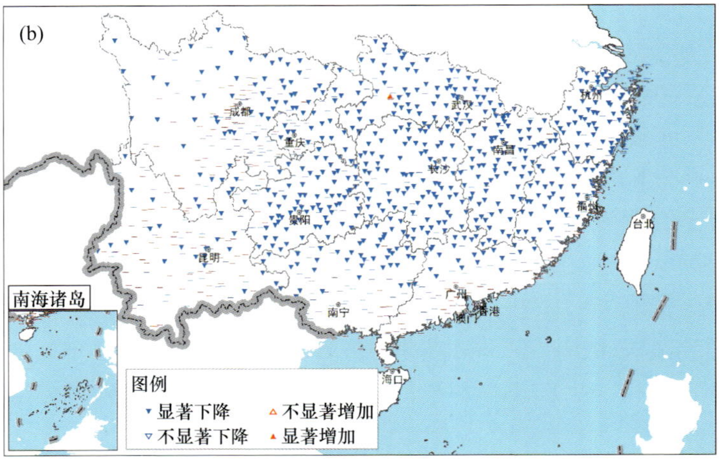

图 6.2　1961—2019 年柑橘主产区最低气温≤0 ℃日数及变化趋势空间分布

(a)最低气温≤0 ℃日数；(b)最低气温≤0 ℃日数变化趋势

6.2　柑橘低温冻害机理

6.2.1　低温控制试验

在 2020 年、2021 年柑橘越冬期的 12 月至翌年 1 月期间，采用 RR-CTC02 便携式温控箱，在江西信丰县脐橙园开展柑橘低温人工控制试验，试验采用控制日最低气温进行，温度处理有：−3 ℃、−4 ℃、−5 ℃、−6 ℃、−7 ℃和对照；低温处理时段为当日 23:00—次日 7:00，期间无光照。低温控制天数分别为连续 3 d、5 d、7 d、10 d。采用 Li-6800 光合速率仪和便携式叶绿素测定仪测定叶片光合参数和叶绿素含量。在控制试验处理前、试验处理期间和试验结束后的当天，测定已处理果枝和对照果枝的叶片叶绿素含量、光合作用参数，每 3 d 测定一次，连续测定 3 次，1 个月时再观测 1 次结束。试验处理期间，每个处理的第 3 天、第 5 天、第 7 天、第 10 天进行测定，每次测定叶片数量 5 片，并观察试验处理的枝叶形态特征的变化。同时，研究中还对南丰蜜橘的光合作用参数进行了常态化测定，测定时间为每月 1 次。

6.2.2　低温冻害对柑橘光合生理的影响

(1)对净光合速率(P_n)的影响：净光合速率是指植物光合作用积累的有机物，是光合速率减去呼吸速率的值。

图 6-3 为两期不同环境条件开展的低温控制试验结果。由图可知，和对照 CK 相比，低温处理的脐橙叶片净光合速率（P_n）明显下降。试验结果表明，冻害温度越低，净光合速率下降越明显。−3 ℃、−4 ℃、−5 ℃、−6 ℃、−7 ℃低温处理，P_n 值与对照相比，分别降低 9.37％、21.87％、61.04％、61.07％、99.76％，差异均达显著水平（$P<0.05$）。低温降低了脐橙的净光合速率，抑制了脐橙的生长。

（2）对蒸腾速率（T_r）的影响：蒸腾速率是指植物在一定时间内单位叶面积蒸腾的水量。两期不同环境条件开展的低温控制试验表明，低温处理对脐橙蒸腾速率 T_r 的影响与对净光合速率 P_n 的影响相似，温度越低，T_r 下降越明显（见图 6.4）。与对照相比，−3 ℃、−4 ℃、−5 ℃、−6 ℃、−7 ℃低温处理，分别使 T_r 下降了 28.85％、38.48％、50.63％、62.51％、69.48％，差异均达显著水平（$P<0.05$）。说明蒸腾作用受低温环境的影响较大，低温冻害使叶内导管和气孔受阻，脐橙自身的调节和控制能力明显下降，生理过程失调，致使蒸腾速率下降。

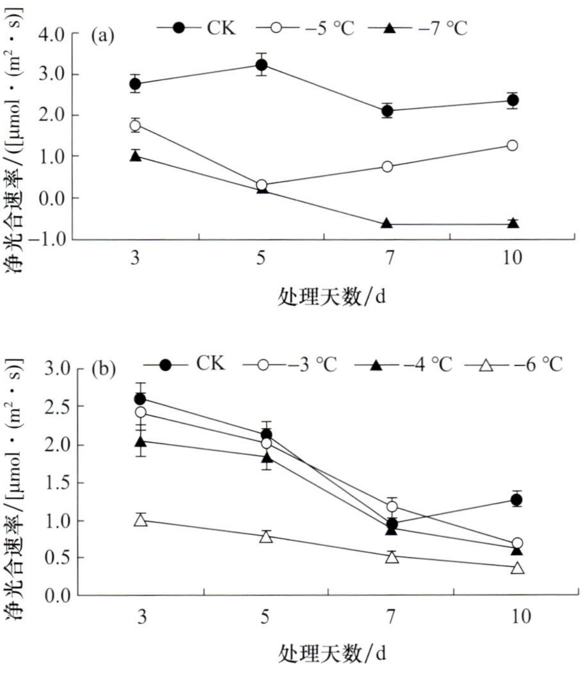

图 6.3　不同低温处理对柑橘净光合速率的影响

（a）Ⅰ期试验；（b）Ⅱ期试验

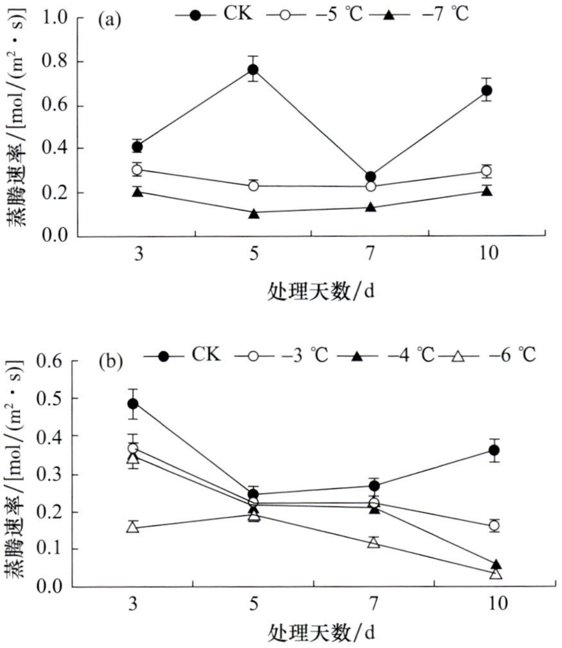

图 6.4　不同低温处理对柑橘蒸腾速率的影响

(a) Ⅰ期试验;(b) Ⅱ期试验

(3)对气孔导度(G_s)的影响:气孔是植物叶片与外界进行气体交换的主要通道,气孔导度表示的是气孔张开的程度。两期低温控制试验表明,低温冻害明显降低了叶片的气孔导度,且温度越低,气孔导度下降越明显(见图 6.5)。−3 ℃、−4 ℃、−5 ℃、−6 ℃、−7 ℃低温处理,G_s 与对照相比,分别下降了 33.19%、43.94%、45.67%、64.87%、67.71%,差异均达显著水平($P<0.05$)。说明在低温条件下,叶片与外界进行气体交换迅速变弱,CO_2 和水汽在大气和叶片内部组织间的传输阻力迅速增加,从而影响脐橙的光合作用、呼吸作用和蒸腾作用,导致脐橙生长受阻。

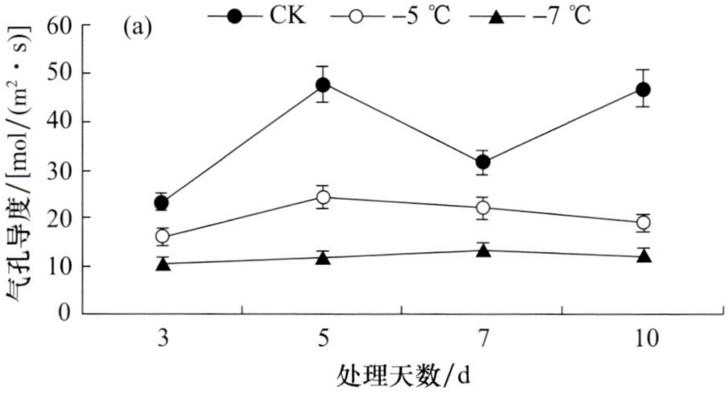

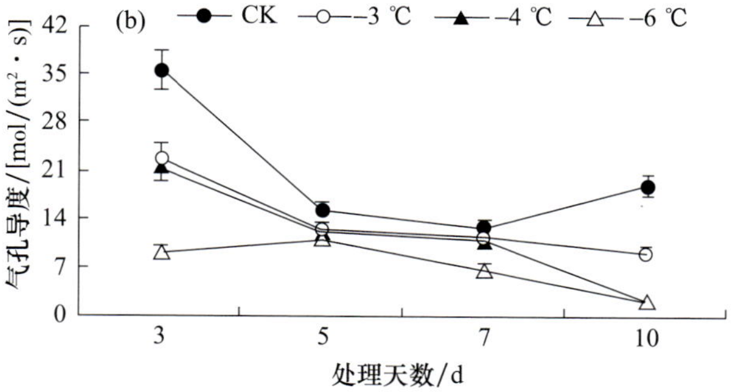

图 6.5　不同低温处理对脐橙气孔导度的影响

(a) Ⅰ期试验；(b) Ⅱ期试验

(4)对胞间 CO_2浓度(C_i)的影响：脐橙光合作用所需的二氧化碳是从细胞间获取的，若光合作用越强，叶片胞间 CO_2消耗量就越大；若光合作用越弱，则胞间 CO_2消耗量就小，CO_2利用率就低，胞间 CO_2浓度就会变高。

两期低温试验处理结果表明，当采用强度较轻的－3 ℃～－4 ℃低温处理且低温持续时间较短时，低温处理的 C_i 与 CK 变化不大；但当采用的低温强度在－5 ℃以下，且处理时间较长时，低温处理的 C_i 明显高于 CK(详见图 6.6)。与对照 CK 相比，－3 ℃、－4 ℃、－5 ℃、－6 ℃、－7 ℃的低温处理，C_i 分别增加 8.19％、14.38％、21.26％、30.79％、42.54％，差异均达显著水平($P<0.05$)。说明较低的低温冻害环境严重破坏了柑橘叶片的化学结构，使叶片光合作用能力降低，CO_2利用率下降，胞间 CO_2浓度上升，柑橘遭受冻害危害，生长受阻，柑橘叶片的外观形态表现出卷曲、萎蔫、甚至干枯死亡等现象。

(5)对叶绿素含量(SPAD)的影响：叶绿素是植物进行光合作用的主要色素，叶绿素的合成及含量的变化将影响光能的捕获和 CO_2的固定，从而影响光合作用。

试验研究表明，不同的低温处理，均降低柑橘叶片叶绿素含量(SPAD 值)，且温度越低，SPAD 值的降幅就越大(见图 6.7)。和对照相比，Ⅰ期试验中－5 ℃和－7 ℃的处理，分别使 SPAD 值平均下降 3.79％和 5.60％，差异均达显著水平($P<0.05$)；Ⅱ期试验中－3 ℃、－4 ℃和－6 ℃处理，分别使 SPAD 值降低 3.11％、5.58％和 9.08％，差异也均达显著水平($P<0.05$)。两期低温冻害试验表明，试验处理结束后的第 7 天，柑橘叶片呈现卷曲、萎蔫、甚至干枯死亡现象，说明前期的低温处理使叶片叶绿素合成受阻，叶绿素含量降低，从而影响光合作用。

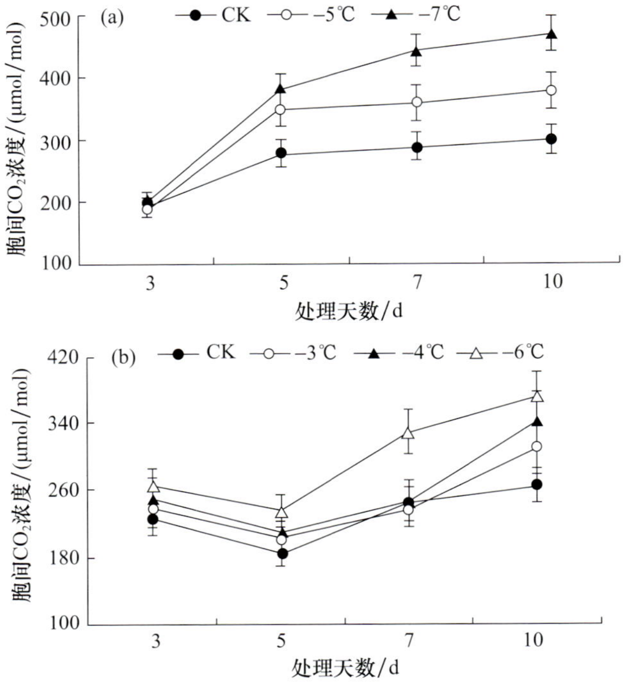

图 6.6　不同低温处理对脐橙细胞间 CO_2 浓度的影响

(a) Ⅰ期试验;(b) Ⅱ期试验

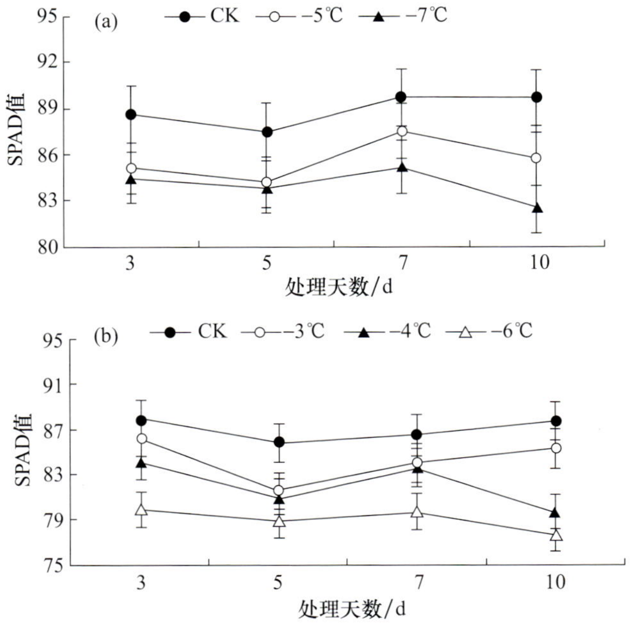

图 6.7　不同低温处理对脐橙 SPAD 值的影响

(a) Ⅰ期试验;(b) Ⅱ期试验

6.2.3　低温冻害对脐橙形态特征的影响

人工气候控制试验表明，−3 ℃、−4 ℃、−5 ℃、−6 ℃、−7 ℃ 5 个低温处理的脐橙外观形态在试验的第 3 天发生变化，叶片开始出现不同程度的冻伤。其中，−4 ℃处理的第 5 天，叶片卷曲明显增加。两期试验结束后第 7 天，低温处理的果实出现水渍状，叶片发生卷曲、萎蔫、甚至干枯死亡。处理的低温越低，脐橙受冻的外观形态越严重。其中−7 ℃处理果实出现水渍状、脱落，叶片和枝条出现干枯死亡等严重现象(见图 6.8 和表 6.1)。

总之，−3 ℃以下的低温使脐橙叶绿素合成受阻，气孔导度下降，胞间 CO_2 浓度上升，叶肉细胞结构破坏，蒸腾速率和光合同化能力下降，导致叶绿素含量下降，CO_2 和水汽传输受阻，CO_2 利用率下降，净光合速率和有机物积累降低，最终导致脐橙果实出现水渍状，叶片发生卷曲、萎蔫、甚至干枯死亡。−3 ℃以下的低温会降低脐橙的光合生产能力，抑制脐橙生长，对脐橙造成冻害危害。

图 6.8　不同处理(CK、−3 ℃、−5 ℃、−7 ℃)结束后 7 d 脐橙的形态特征

表 6.1　不同低温处理对脐橙形态特征的影响

气象条件		试验结束后 7 d 的形态特征		
日最低气温/℃	持续天数/d	果实	叶片	枝条
−2.4～−2.0(Ⅰ期 CK)	2	正常	正常	正常
−4.0～−3.0(Ⅱ期 CK)	2	正常	部分卷曲	正常
−3.0	≥3	斑点水渍状	部分卷曲	正常
−4.0	2～4	斑点水渍状	卷曲	正常
−4.0	>4	水渍状	部分萎蔫	正常
−5.0	≥1	水渍状	萎蔫	正常
−6.0	≥3	水渍状、脱落	部分干枯	部分干枯
−7.0	≥1	水渍状、脱落	干枯、死亡	干枯、死亡

6.2.4　柑橘低温冻害致灾机理解析

低温条件下植物体内活性氧自由基过多产生，抗氧化酶(过氧化氢酶、过氧化物酶、超氧化物歧化酶)活性和渗透保护性物质(可溶性糖、可溶性蛋白、脯氨酸)含量降低，细胞膜损伤(丙二醛含量)增加。−3 ℃以下的低温使柑橘叶绿素合成受阻，气孔导度下降，胞间 CO_2浓度上升，叶肉细胞结构破坏，光化学效率、电子传递速率和核酮糖-1,5-二磷酸羧化酶/加氧酶(Rubisco)活性降低，光系统反应中心受损或失活，造成光合速率、蒸腾速率和同化能力下降，导致叶绿素含量下降，CO_2和水汽传输受阻，CO_2利用率下降，净光合速率和有机物积累降低，植株整体机能下降，最终导致脐橙果实出现水渍状，叶片发生卷曲、萎蔫、甚至干枯死亡，柑橘产生冻害危害。

6.3　柑橘冻害指标

6.3.1　柑橘低温冻害指标构建

根据柑橘低温冻害控制试验和低温对柑橘光合生理及形态特征的影响，研究制定了脐橙、宽皮橘低温冻害指标和等级标准(见表 6.2)。

表 6.2 柑橘低温冻害等级指标

柑橘类型	冻害等级	日最低温度 T_d/℃	持续天数/d	形态特征
脐橙	轻度	$-4<T_d\leqslant-3$	$\geqslant3$	果实斑点水渍状；叶片卷曲、部分萎蔫
		$-5<T_d\leqslant-4$	2～4	
	中度	$-5<T_d\leqslant-4$ $-7<T_d\leqslant-5$	>4 $\geqslant1$	果实水渍状、叶片萎蔫
	重度	$T_d\leqslant-7$	$\geqslant1$	果实水渍状、脱落；叶片干枯、死亡；树枝部分干枯、死亡
宽皮桔	轻度	$-7<T_d\leqslant-5$	$\geqslant3$	叶片卷曲、部分萎蔫
	中度	$-9<T_d\leqslant-7$	$\geqslant1$	果实出现斑点、水渍状；叶片卷曲、萎蔫
	重度	$T_d\leqslant-9$	$\geqslant1$	果实出现水渍状、脱落；叶片枯黄、死亡；树枝死亡

6.3.2 柑橘冻害典型个例

(1)1991 年 12 月江西省大范围柑橘遭受低温冻害危害。1991 年 12 月 24 日，受入冬以来第一次强冷空气不断补充南下影响，江西全省自北向南发生一次雨雪冰冻严寒天气过程，出现了历史上罕见的冻害。12 月 26 日—27 日晚上，除赣南部分县以外，全省出现大范围的积雪，有 10 县市积雪深度超 20 cm，赣北、赣中极端最低气温为－15～－8 ℃，以奉新县－15.8 ℃为最低，赣南极端最低气温为－7～－3 ℃，全省有 47 县市极端最低气温出现历史最低值。江西省柑橘遭遇严重冻害，当年全省 162 万亩柑橘，除赣南少数县冻害较轻外，其余地区的柑橘 100%受到不同程度的冻害，总共受冻面积达 125 万亩，占柑橘总面积的 77.2%，冻死近 50 万亩，冻死柑橘苗木 810 余万株。其中南丰全县 7.2 万亩橘树全部受冻，叶片枯黄，树皮开裂，20 余万株橘苗有 30%冻死。这次低温冻害给江西蜜橘生产造成重度至特重度危害，绝大部分柑橘遭受毁灭性打击，柑橘园被毁。

(2)1999 年 12 月江西赣南脐橙大范围遭受低温冻害危害。1999 年 12 月 20—23 日受强冷空气影响，江西全省过程降温在 10 ℃以上，部分地区达 15～20 ℃，尽管当时的平均气温正常，但极端最低气温赣南异常偏低。赣南极端最低气温普遍在－6～－4 ℃，部分地区达－9～－7 ℃，其中赣南的大余、信丰等地创历史同期最低值。

据统计，1999 年江西全省柑橘受冻面积占总面积的 60%～70%，其中赣南柑橘受冻率达 100%。吉安地区柑橘受害面积达 45 万亩，赣州市达 120 万亩，其中以脐橙、柚类、甜橙受害最为严重，普遍为中度至重度（2～3 级），这次严重的冻害主要是由于冷空气过后晚上晴空造成的辐射急剧降温；南丰蜜橘、温州蜜橘冻害大部分为轻至中度冻害。

6.3.3 柑橘冻害指标的验证

根据江西省气象信息中心 1991—2021 年气象数据资料，结合研究建立的柑橘冻害指标和等级标准，查询柑橘种植区南丰、吉安、宁都、兴国、信丰等县的最低气温资料，根据相关县柑橘冻害灾情历史调查资料、《江西省气象志》和“江西气候及其影响评价”报告等柑橘冻害记载，结合冻害实际受害程度和发生等级（0：无；1：轻度；2：中度；3：重度），对柑橘冻害指标进行了验证分析，结果详见表 6.3。表 6.3 为近 31 年江西信丰县极端最低气温及相应时间脐橙受冻的实际情况和灾害指标估算情况的单点对比。由表可知，1991—2021 年信丰县脐橙出现冻害的年份主要有 1991 年、1999 年、2005 年、2009 年、2010 年、2016 年、2018 年和 2021 年，但 2018 年虽然达到脐橙冻害指标但实际调查记录并未发生冻害，低温冻害指标验证的准确率达 96.7%。根据信丰县脐橙近 31 年主要低温年份脐橙受冻情况，对柑橘冻害指标进行了面上多点验证，详见表 6.4。近 31 年柑橘冻害年份主要有 1991 年、1999 年、2005 年、2009 年、2010 年、2016 年和 2021 年。根据对柑橘指标的实际验证，柑橘冻害等级指标准确率达 86.7%。

表 6.3　信丰县脐橙冻害指标验证（1991—2021 年）

年份	实际最低气温/℃	实际冻害等级	指标估算的冻害等级	验证结果
1991	−3.8	1	1	√
1992	−1.4	0	0	√
1993	−1.6	0	0	√
1994	−2.2	0	0	√
1995	−1.4	0	0	√
1996	−1.2	0	0	√
1997	−1.6	0	0	√
1998	−0.1	0	0	√
1999	−5.1	2	2	√
2000	−1.4	0	0	√
2001	−1.0	0	0	√
2002	−2.1	0	0	√
2003	−1.4	0	0	√

续表

年份	实际最低气温/℃	实际冻害等级	指标估算的冻害等级	验证结果
2004	−2.2	0	0	√
2005	−3.4	1	1	√
2006	−1.6	0	0	√
2007	−0.7	0	0	√
2008	−0.2	0	0	√
2009	−3.4	1	1	√
2010	−3.2	1	1	√
2011	−0.8	0	0	√
2012	−2.0	0	0	√
2013	−0.9	0	0	√
2014	−0.9	0	0	√
2015	2.1	0	0	√
2016	−3.5	1	1	√
2017	−0.8	0	0	√
2018	−3.2	0	1	×
2019	0.4	0	0	√
2020	−0.6	0	0	√
2021	−4.0	1	1	√

冻害等级划分,0:无;1:轻度;2:中度;3:重度

表 6.4 典型低温年份柑橘冻害等级指标验证

序号	年份	站名	种类	最低温/℃	实际冻害等级	估算冻害等级	验证结果
1	1991	南丰县	蜜桔	−10.8	3	3	√
2	1991	吉安县	蜜桔	−6.7	2	1	×
3	1991	宁都县	脐橙	−7.5	3	3	√
4	1991	兴国县	脐橙	−6.3	2	2	√
5	1991	信丰县	脐橙	−3.8	1	1	√
6	1999	南丰县	蜜桔	−6.6	2	1	×
7	1999	吉安县	蜜桔	−5.0	1	1	√
8	1999	宁都县	脐橙	−5.9	2	2	√
9	1999	兴国县	脐橙	−5.3	2	2	√
10	1999	信丰县	脐橙	−5.1	2	2	√

续表

序号	年份	站名	种类	最低温/℃	实际冻害等级	估算冻害等级	验证结果
11	2005	南丰县	蜜桔	−5.3	1	1	√
12	2005	吉安县	蜜桔	−4.4	0	0	√
13	2005	宁都县	脐橙	−4.9	1	1	√
14	2005	兴国县	脐橙	−4.5	1	1	√
15	2005	信丰县	脐橙	−3.4	1	1	√
16	2009	南丰县	蜜桔	−5.4	2	1	×
17	2009	吉安县	蜜桔	−3.6	1	1	√
18	2009	宁都县	脐橙	−4.5	1	1	√
19	2009	兴国县	脐橙	−4.3	1	1	√
20	2009	信丰县	脐橙	−3.4	1	1	√
21	2016	南丰县	蜜桔	−6.2	1	1	√
22	2016	吉安县	蜜桔	−4.5	0	0	√
23	2016	宁都县	脐橙	−5.2	2	2	√
24	2016	兴国县	脐橙	−5.0	1	1	√
25	2016	信丰县	脐橙	−3.5	1	1	√
26	2021	南丰县	蜜桔	−8.0	2	2	√
27	2021	吉安县	蜜桔	−3.7	1	0	×
28	2021	宁都县	脐橙	−4.8	1	1	√
29	2021	兴国县	脐橙	−5.0	2	2	√
30	2021	信丰县	脐橙	−4.0	1	1	√

灾害等级划分，0：无；1：轻度；2：中度；3：重度。

第 7 章

柑橘旱冻灾害

7.1 旱冻灾害对柑橘生产的影响

造成柑橘旱冻灾害的根本原因是低温，而干旱则加重了冻害的影响程度。当温度降至可引起柑橘汁液结冰的临界点时，首先是细胞间隙冰晶不断增大，对细胞壁及原生质产生挤压力，原生质大量失水。树体表现为萎蔫、落叶、枯枝，最后导致完全失水而生理死亡，其症状与干旱脱水类似，可见冻害造成的本质还是失水造成的。

柑橘受害程度的轻重，主要取决于解冻时的温度回升速度和水分。若温度回升缓慢且土壤水分充足，则原生质解冻缓慢，还可以吸水慢慢恢复活力；若温度回升较快且土壤处于干旱状态，则原生质解冻快又得不到水分补充，受害加重。可见，冻害的轻重除了与低温的高低有关外，还与冻害后温度回升速度和土壤墒情有关，这解释了为什么柑橘冻害发生后的白天升温过快、土壤持续干旱状态加重了柑橘的受害程度。

旱冻灾害对柑橘越冬的影响主要表现在两方面，一是干旱对柑橘越冬的影响；二是冻害对柑橘越冬的影响。越冬期的长期干旱，主要影响柑橘树体光合作用、根系活力和花芽分化。干旱导致光合作用下降，水是光合作用的原料，当叶片水分饱和时，光合作用最适宜，当叶片缺水达 10%以上时，光合作用被抑制；加上干旱影响原生质的胶体状况，导致各种物质在植物体内的运输受阻，综合表现为生长缓慢、叶片发黄，直至枯萎。干旱导致树体根系活力下降，根系木质化加快，自疏现象加重，出现萎蔫远比地上部早，对干旱的抵抗力要比叶片低；在严重缺水时，叶片可以夺取根部的水分，这样不仅根系生长和呼吸停止，而且开始死亡，影响养分的吸收，树势衰退。冬季适度干旱对花芽分化有利，对于幼树，如果不采取相应措施，来年的花量增大，严重影响幼树生长；对于成年结果树，水分的缺失导致秋梢生长不良，没有多余的养分进行完全花芽分化，会导致来年花的质量不高、坐果率低等，白白消耗营养。

越冬期的冻害，按轻重程度，对柑橘的叶片、枝梢、树干、根系等均有不同程度的影响。对叶片的影响：叶片是柑橘光合作用和呼吸作用的器官，同时也是最容易受冻害侵袭的部位，重冻害时叶片卷曲，凋萎干枯，落叶严重，光合作用停止；轻冻害时，叶片慢慢卷缩或部分落叶，光合作用减弱。对枝梢的影响：枝梢的受冻程度与枝梢形成时间有关，秋梢容易受冻，夏梢次之，春梢抗冻能力最强；幼树枝梢比成年枝梢易受冻；严重冻害发生时，枝梢树皮爆裂，甚至脱皮死亡。对树干的影响：树干相对于柑橘其他组织具有较强的耐寒性，但当冻害严重时，仍会造成树皮开裂甚至死亡；冻裂的树皮常会导致树干流胶病的发生；根基部的树皮由于靠近地表，温度变化剧烈，容易受冻脱落，会导致裙腐病的发生。对根系的影响：柑橘的根系一般都不耐寒，幼树根系多分布在 20 cm 土层中，更不耐寒；冬季松土、翻耕过的果园及树盘凹陷的果树，容易发生冻害且冻害程度会加重，主要是因为松土和翻耕造成深层吸水根系的损伤，形成大量伤口，降低了根系的抗逆能力，另一方面是松土和翻耕增加土壤的通透性，冷空气和融化后的低温雪水更容易渗透至根系吸收区，伤害吸收根系，降低根系吸收功能；树盘凹陷的果树，容易积聚冰雪，大大增加了雪水下渗量，对根系损伤更大。

7.2 旱情等级分析方法

参照《旱情等级标准》（SL 424—2008）（国家防汛抗旱总指挥部办公室，2008）中的“农业旱情指标与等级”进行干旱等级划分，并结合实际的脐橙历史干旱监测资料对划分标准进行适当调整，详见表 7.1 和表 7.2。

表 7.1 土壤相对湿度旱情等级划分表

旱情等级	轻度干旱	中度干旱	严重干旱	特大干旱
土壤相对湿度（W）/%	$50<W\leqslant60$	$40<W\leqslant50$	$30<W\leqslant40$	$W\leqslant30$

注：宜采用 0～40 cm 深度的土壤相对湿度作为旱情评估指标

表 7.2 降水距平百分率旱情等级划分表

旱情等级	时间尺度	轻度干旱	中度干旱	严重干旱	特大干旱
降水量距平百分率（D_p）/%	季尺度	$-50<D_p\leqslant-25$	$-70<D_p\leqslant-50$	$-80<D_p\leqslant-70$	$D_p\leqslant-80$
	半年尺度	$-30<D_p\leqslant-15$	$-40<D_p\leqslant-30$	$-45<D_p\leqslant-40$	$D_p\leqslant-45$

干旱等级评估采用土壤相对湿度和降水距平百分率两指标，结合同时期的平均温度和日照时数（日照、气温直接影响作物呼吸和蒸腾作用）进行分析。

土壤相对湿度计算公式如下：

$$W=\frac{\theta}{F_c}\times 100\% \tag{7.1}$$

式中，W 为土壤相对湿度（%）；θ 为土壤平均重量含水量（%）；F_c 为土壤田间持水量（%）。

降水量距平百分率公式如下：

$$D_P=\frac{P-\overline{P}}{\overline{P}}\times 100\% \tag{7.2}$$

式中，D_p 为降水量距平百分率（%）；P 为计算时段内降水量（mm）；$\overline{P}$ 为多年同期平均降水量（mm），宜采用近 30 a 的平均值。

日照时数距平百分率 D_S 公式如下：

$$D_S=\frac{S-\overline{S}}{\overline{S}}\times 100\% \tag{7.3}$$

式中，D_S 为日照时数距平百分率（%）；S 为计算时段内日照时数，$\overline{S}$ 为多年同期平均日照时数，$\overline{S}$ 宜采用近 30 a 的平均值。

7.3　旱冻灾害指标

以业务应用为目标，以脐橙为例，根据旱情等级指标并结合脐橙冻害指标、脐橙冻害受害症状进行等级划分，综合柑橘旱情等级指标与冻害指标建立了柑橘旱冻灾害指标。

（1）柑橘土壤旱情等级指标

轻度：当出现轻度季节性干旱时，土壤最低相对湿度 57%～64%，降水距平 −44%～−20%，日照时数距平≤−6%，土壤湿度低值前 20～30 d 累计降水量<16 mm。

中度：当出现中度季节性干旱时，土壤最低相对湿度 48%～56%，降水距平 −45%～−57%，日照时数距平 −5%～5%，土壤湿度低值前 30～40 d 累计降水量<48 mm。

严重：当出现严重季节性干旱时，土壤最低相对湿度 37%～47%，降水距平 −58%～−80%，日照时数距平 5%～21%，60 d 以上降水量<50 mm。

特重：当出现特大季节性干旱时，土壤最低相对湿度<36%，降水距平≤−80%，日照时数距>21%，90 d 以上降水量<35 mm。

（2）脐橙旱冻灾害等级指标

1 级：轻微受害，极端最低气温 −3.0～−1.5 ℃，柑橘土壤旱情等级严重及以上级别；

2 级：轻度受害，极端最低气温 −5.0～−3.0 ℃，柑橘土壤旱情等级轻度及以上级别；

3 级：中度受害，极端最低气温−7.0～−5.0 ℃，柑橘土壤旱情等级轻度及以上级别；

4 级：重度受害，极端最低气温<−7.0 ℃，柑橘土壤旱情等级轻度及以上级别。

7.4 历史柑橘越冬期干旱、冻害发生年份

历史冻害数据：1999 年，赣南发生平流降温叠加强辐射降温，赣南脐橙遭受特大型冻害，其中 4～5 级严重冻害占 16.75%、2～3 级中度冻害占 44.81%、0～1 级轻度冻害占 38.44%，几乎使赣南当时 2.2×10^4 hm^2 脐橙园毁于一旦。2008 年，赣南发生持续雨雪冰冻灾害性天气，北部、中南部山区高海拔脐橙园，因结冰时间长、不堪重负而造成断枝、裂枝脐橙园近 2000 hm^2，4.0 万 t 留树贮藏果受冻。2009 年 1 月中旬，受冷高压和北方冷空气的共同影响，赣南出现了日极端最低气温低于−5 ℃的寒冷天气，全市 10.2 万 hm^2 脐橙均遭受了不同程度的冻害，其中重度冻害面积 7000 hm^2，主要分布北部的宁都、石城、兴国、瑞金等县。

历史干旱数据：赣南自有气象资料以来最严重的干旱出现在 1966 年、1986 年和 2003 年，大部分县(市)连旱天数都在 60 d 以上，以宁都 92 d 为最长。

7.5 旱冻灾害预报预警

旱冻灾害预报预警是基于未来 1～7 d 低温预报，根据极端低温递减规律，计算网格点上的预报值，与脐橙冻害指标进行判别，通过不同的色斑表示未来可能发生的旱冻灾害等级。选择示范点，制作服务材料开展应用。本节以江西省赣州地区为例，介绍柑橘旱冻害预报的技术方法。

根据赣州地区的气候特点与地形特征，参考前人的研究成果，确定采用逐步回归分析的方法建立赣州地区极端最低气温网格推算模型。多年的研究结果表明：气温分布与纬度、经度、海拔高度等地理因子关系密切。因此将各个气象观测站的经度、纬度、海拔高度作为基本的输入参数，组成经度、纬度、海拔高度 3 个变量，分别对全部站点的极端最低气温进行拟合，优选最佳的数学推算模型。通过统计学指标对所建立的数学推算模型进行检验，由此确定回归方程是否有意义。统计学指标包括相关系数 R、方差分析 F 检验。气候资源的推算模型为：

$$T=f(\lambda,\Phi,h)+\varepsilon \tag{7.4}$$

式中，T 为极端最低气温(℃)，λ、Φ、h 分别代表经度(°)、纬度(°)、海拔高度(m)，ε 为综合地理残差。

通过逐步回归分析，分别建立了如表 7.3 所示的关系模型方程。

表 7.3　极端最低气温小网格推算模型(所用的模型是那个有个结论性的东西)

因子	关系方程	相关系数(R)	方差比(F)
λ	$T=125.509-1.202\lambda$	0.117	0.208
Φ	$T=36.932-1.951\Phi$	0.166	0.423
h	$T=-1.267-0.059h$	0.516*	5.450
λ、Φ	$T=91.681-0.538\lambda-1.671\Phi$	0.172	0.214
Φ、h	$T=186.735-0.094h-7.068\Phi$	0.727*	7.832
Φ、λ	$T=75.002-0.058\Phi-0.663\lambda$	0.520	2.597
Φ、λ、h	$T=-181.55-10.226\Phi+3.934\lambda-0.115h$	0.788**	7.085

注：表 7.3 中，相关系数 R 带 * 表示相关性显著，** 表示相关性极显著。极端低温小网格推算最终所用模型为 $T=-181.55-10.226\Phi+3.934\lambda-0.115h$。

7.6　旱冻灾害防御对策

柑橘旱冻灾害防御措施分灾前预防和灾后补救两种类型。

7.6.1　灾前预防措施

(1)做好柑橘气候区划和种植基地选择

分区域对柑橘进行精细化的旱冻灾害风险区划和气候适宜性区划，评估热量条件的优劣、干旱发生程度、冻害风险的高低，为柑橘整体布局提供支持；在气候区划的基础上，对柑橘种植基地小气候环境进行评估，提出对种植基地进行调整的建议；新建的果园，尽量应选择在背风向阳的坡地进行，坡底和坡顶不种植柑橘。

(2)营造防护林，改善橘园小气候环境

应通过绿化、果园主干道种植高大绿化树种、支道种植防护篱，营造橘园防护林系统，既有利于生态系统的平衡和协调，又有利于降低风速、减少蒸腾、提高空气湿度、改善土壤水分状况，有效调节气温，可有效避免和减轻危害。

(3)加强管理，培壮树势，增强树体抗性

结果的柑橘树结果数要适量，花果期要适当疏果；适时放好秋梢，控制晚秋梢抽生；早施采果肥，适量增施磷肥、钾肥，做好病虫防治工作；适时采收，并增施有机肥，可配合喷施叶面肥，以利恢复树势；幼龄树8月中旬后控制使用氮肥，提高枝梢成熟度，提高植株自身抗寒能力。

（4）加强灌溉设施建设

冻害的根本原因是低温引起的原生质缺水，因此，水是防冻的根本性措施。要加强和完善果园灌溉设施建设，为防冻抗旱做好准备。

（5）灾害性天气来临前的应急措施

根据天气预报，提前做好工程性防御措施。一是灌溉，在冻害前7～10 d，进行浇水灌溉，保持土壤湿润，避免发生干冻。二是树干刷白，冬季来临前，采用生石灰0.5 kg、硫黄粉0.1 kg兑水3～4 kg、食盐20 g、杀菌剂适量，调匀涂刷主干及大枝，增强抗冻能力。三是树盘培土，冻害来临前，树盘不能凹陷，做好培土壅蔸，以利增加根部土壤温度，保护根系活力，增强抗冻能力。四是树冠覆盖，树冠覆盖可有效阻隔冷空气对枝叶的直接侵害，又可在太阳暴晒时遮阳，减缓枝叶细胞液解冻速度，从而减轻冻害对枝叶的危害。五是熏烟加热，冻害来临前，每亩设4～6垛稻草、半干树枝、杂草堆等易燃制烟物，在温度下降的晚上12:00～次日凌晨3:00点燃制烟堆，同时用大功率风扇平吹烟体，使其进入树体之间，加热空气温度、防止冷空下沉和减缓辐射降温速度。

7.6.2 灾后补救措施

（1）合理修剪

根据冻害程度，遵循“小伤摘叶、中伤剪枝、大伤锯干”的原则，及时摘除枯叶、修剪枯枝、锯除死干，同时做好创面的包扎。减少树体水分消耗，预防冻害加剧。

（2）加强肥水管理

受冻植株枝叶受损，叶面增施2～3次有机营养液；受冻后根系活动能力弱，加强中耕松土工作，保持土壤通透性；土壤及时增施1～2次速效水肥。

（3）加强病虫防治

冻后警惕树脂病、炭疽病、脚腐病的发生。

（4）控制挂果量

冻后植株花果量一般较大，且多为畸形果、劣质化，坐果率低。为尽快恢复树势，一般重度受冻树不留花，中度受冻树少留花，轻度受冻树疏去畸形劣质花，适量结果。

第 8 章

高温和低温灾害监测预警

8.1 资料来源与指标方法

8.1.1 资料来源及服务产品

(1)智能网格气象数据

智能网格气象预报是无缝隙、全覆盖、客观定量的预报系统。2017 年,通过全国智能网格气象预报业务试验,滚动更新、实时同步的全国5 km×5 km 分辨率的气象实况分析和 0～10 d 气象预报业务已实现试运行。智能网格预报数据是国家气象中心基于多模式数据(EC 模式和 GRAPES 模式)集成,采用模式释用技术形成的一套预报产品,其具有时空分辨率高、实时性强、要素种类多样、数据量大等特点,是现代天气业务的重要业务体系和天气预报的未来发展方向。

(2)智能网格产品内容

智能网格产品包括国家级格点预报指导产品、省级格点预报订正产品、智能网格实况分析日产品等。有关产品来源于气象大数据"天擎"云平台系统。国家级格点预报指导产品和省级格点预报订正产品是基于多模式数据集成形成的一套预报产品,两者对温度要素的预报时效、时间间隔等有所不同,具体见表 8.1。

表 8.1 智能网格预报产品数据特征

数据产品	要素	时间间隔/h	预报时效/d	分辨率/km
国家级格点 预报指导产品	温度	1 3	0～1 1～10	5×5
	最高气温、最低气温	24	0～30	5×5

续表

数据产品	要素	时间间隔/h	预报时效/d	分辨率/km
省级格点预报订正产品	温度	1	0～2	5×5
		3	2～10	
	最高气温、最低气温	24	0～10	5×5
智能网格实况分析日产品	温度	1	—	5×5
	最高气温、最低气温	24	—	5×5

智能网格实况分析日产品是融合多源观测资料得到的格点化实况资料，与台站观测的实况相比具有更高的空间分辨率。目前已有研究验证了其对气温、湿度、风速和降水的一致性。从气象大数据"天擎"云平台系统中获取的国家级格点预报指导产品、省级格点预报订正产品主要用于柑橘高低温灾害预测预警；智能网格实况分析日产品数据主要用于高低温灾害的监测。

(3)数据处理与应用

通过柑橘气象业务服务系统，调用智能网格气象产品，并对产品数据进行格式转换(将 GRB2 格式转换为 NC 格式)。读取智能网格实况分析日产品高、低温气象数据，采用高低温灾害指标阈值判定法，可制作出柑橘高、低温灾害地理空间分布图，结合国家气象站观测资料，开展网格实况日产品数据对脐橙高低温灾害的监测验证。同时，根据智能网格国家级格点和省级格点气象预报产品，释用为农用天气预报数据，并制作出不同预报时效的柑橘高低温灾害预报场，根据脐橙高低温灾害等级指标阈值，开展柑橘高低温灾害预测预警。与同期实况场进行对比验证，分析智能网格预报产品对柑橘高低温灾害的预测能力。

8.1.2 柑橘高温和低温灾害监测预警方法

我国柑橘多分布于亚热带丘陵山区，虽然分布范围广、种植面积总量大，但果园多呈几十亩至几百亩的小型范围分布，采用中分辨率的气象卫星、环境卫星开展柑橘高低温灾害监测存在柑橘种植面积信息提取的难题。另外，由于柑橘是多年生常绿小乔木或灌木，柑橘生长季内的干物质消长不明显，难以建立动力模型来模拟气候条件对柑橘生产的影响。本研究主要采用柑橘高、低温指标阈值判定法来开展柑橘高低温灾害监测预警。

8.1.3 脐橙高温和低温灾害指标

(1)脐橙高温灾害指标

脐橙高温灾害指标(T_{max})如表 8.2 所示。

表 8.2 脐橙高温热害指标

高温热害等级	日最高温度 T_{max}/℃	高温持续天数/d
轻度	$37 \leqslant T_{max} < 38$	≥10
	$38 \leqslant T_{max} < 39$	3～7
	$39 \leqslant T_{max} < 40$	3～5
中度	$38 \leqslant T_{max} < 39$	7～10
	$39 \leqslant T_{max} < 40$	5～10
	$40 \leqslant T_{max} < 41$	3～5
重度	$38 \leqslant T_{max} < 40$	>10
	$40 \leqslant T_{max} < 41$	>5
	$T_{max} \geqslant 41$	≥2

(2)脐橙冻害指标

脐橙冻害指标(T_d)如表 8.3 所示。

表 8.3 脐橙冻害指标

冻害等级	日最低温度 T_d/℃	持续天数/d
轻度	$-4 < T_d \leqslant -3$	≥3
	$-5 < T_d \leqslant -4$	2～4
中度	$-5 < T_d \leqslant -4$ $-7 < T_d \leqslant -5$	>4 ≥1
重度	$T_d \leqslant -7$	≥1

8.2 柑橘高温和低温灾害监测预警技术流程

8.2.1 果园尺度柑橘高温和低温灾害监测预警技术流程

利用果园单点小气候观测站实时温度观测资料(冬季逐日最低温度、夏季逐日最高温度),结合柑橘高温和低温灾害指标和等级标准,开展柑橘温度灾害监测。

如果实施监测的特定果园没有小气候自动观测站,则需建立当地气象台站气温(冬季逐日最低温度、夏季逐日最高温度)与果园小气候温度(日最高气温和日最低气温)间的关系模型,利用建立的模型可推算出果园小气候温度(夏季果园日最高温度、冬季果园日最低温度），根据柑橘高、低温灾害指标阈值和当地天气预报，可开展柑橘果园尺度高温和低温灾害监测和预测预警。具体监测、预测预警流程如图 8.1 所示。

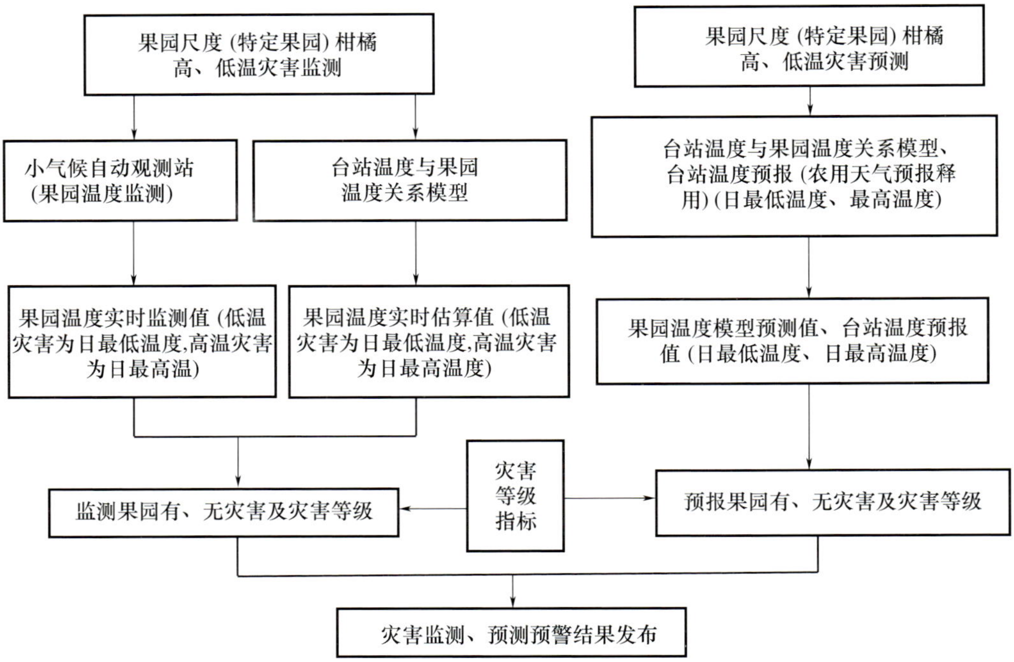

图 8.1　果园尺度柑橘高温和低温灾害监测、预测预警技术流程图

8.2.2　区域尺度柑橘高温和低温灾害监测预警技术流程

区域尺度柑橘高低温灾害监测、预测预警是指一个特定的柑橘种植区或柑橘主产省的区域范围内柑橘灾害的监测、预测预警。

其方法主要有两种：一种是采用中国气象局 2017 年以来成功发布的 5 km×5 km 智能网格数据产品（包括国家级格点预报指导产品、省级格点预报订正产品和智能网格实况分析日产品）开展的监测预警，该数据产品来源于气象大数据“天擎”云平台系统。其中，国家级格点预报指导产品、省级格点预报订正产品主要用于柑橘高、低温灾害的预测预警，智能网格实况分析日产品主要用于高、低温灾害的监测。根据各类精细化智能网格数据产品和柑橘高、低温灾害指标、等级标准阈值，开展柑橘灾害的监测、预测预警，并判定灾害的发生发展过程。

另一种是采用区域内各气象台站和自动观测站的温度资料（冬季逐日最低温度、夏季逐日最高温度），建立温度与各站点的经度、纬度和海拔高度间的关系模型，根据该模型计算得到各网格点的温度值，结合柑橘高低温灾害等级指标，可得到各网格点柑橘高低温灾害等级，并绘制灾害等级分布图。建立的模型根据气象资料来源的不同，可分别用于各网格点柑橘高低温灾害的监测和预测预警。

区域尺度柑橘高、低温灾害监测、预测预警技术流程如图 8.2 所示。

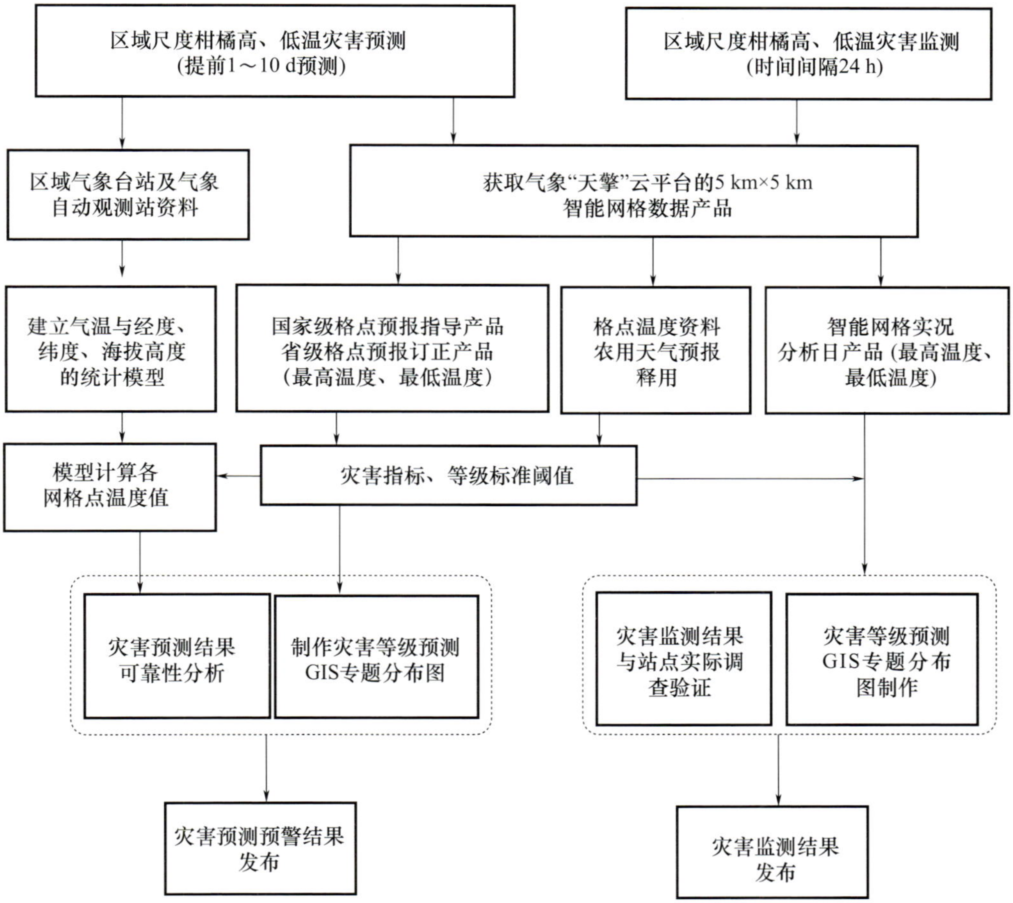

图 8.2　区域尺度柑橘高温和低温灾害监测、预测预警技术流程

8.3　柑橘高温和低温灾害监测预警

在柑橘高温和低温灾害监测预警研究中，果园尺度的监测预警选择江西省信丰脐橙和南丰蜜橘进行；区域尺度的监测选择江西省脐橙主产区进行。由于气象“天擎”大数据云平台中智能网格预报产品可获取时间是在 2020 年 11 月 10 日以后，因

而主要采用该时间以后的智能网格预报产品开展柑橘高低温灾害监测预警研究。

8.3.1 果园尺度柑橘高温热害监测

(1)柑橘园高温与气象台站高温关系模型

利用2020—2021年江西省信丰县、南丰县夏季(6—8月)逐日果园小气候自动观测资料和当地气象台站资料,建立果园气温与台站气温间的关系模型,结合柑橘高温灾害指标阈值,开展柑橘果园尺度高温灾害监测。信丰脐橙园和南丰蜜桔园果园日最高气温与台站日最高气温之间的关系如图8.3所示。

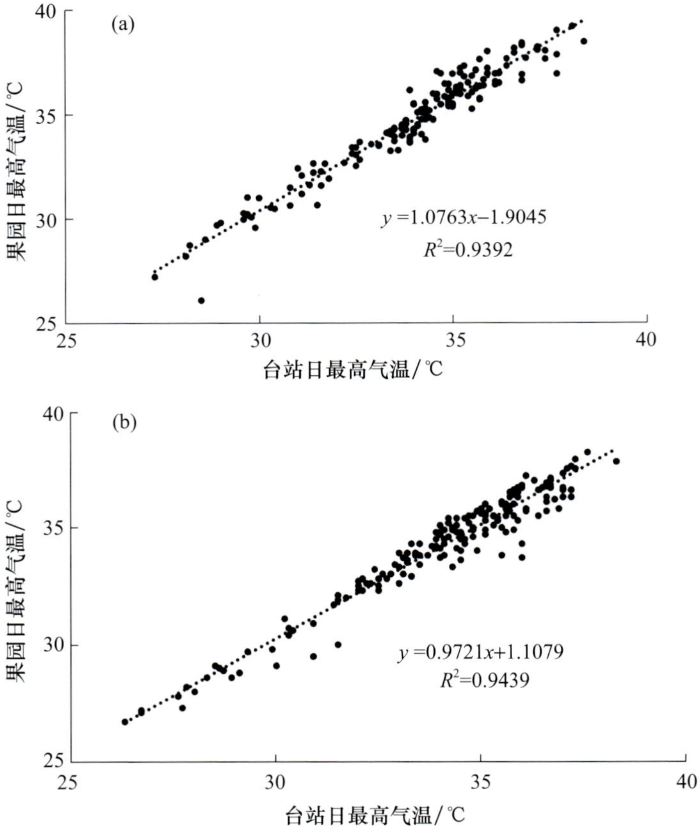

图8.3 信丰(a)、南丰(b)柑橘园夏季日最高气温与当地台站日最高气温关系图

建立的柑橘果园日最高气温和当地气象台站日最高气温间的关系模型为:

信丰脐橙园:$y=1.0763x-1.9045, R^2=0.9392$ (8.1)

南丰蜜橘园:$y=0.9721x+1.1079, R^2=0.9439$ (8.2)

式中y表示果园日最高气温,x表示台站日最高气温。两柑橘园关系模型的决定系

数(R^2)均在0.93以上,表明橘园温度与台站温度具有很好的相关性。

根据柑橘园小气候特征分析,在高温季(6—8月),柑橘园日最高气温高于台站日最高气温,且柑橘鲜果日最高温度和叶片日最高温度也明显高于台站日最高气温。因而,当台站气温达到高温热害指标时,柑橘果园的高温热害已发生。为分析果园叶温、果温与气象台站气温间的关系,采用高温季信丰脐橙果园实测叶温和果温资料与台站气温进行相关分析,制作了叶温、果温与台站气温间的散点图(见图8.4),并建立了信丰脐橙园叶片日最高温度、果实日最高温度与当地气象台站日最高气温间的关系模型:

叶片高温模型:$T_L = 1.4884 \times T_M - 14.311 \qquad R^2 = 0.7027 \qquad (8.3)$

果实高温模型:$T_F = 1.0335 \times T_M + 0.6395 \qquad R^2 = 0.8617 \qquad (8.4)$

式中 T_L、T_F、T_M 分别为脐橙叶片日最高温度、果实日最高温度和台站日最高气温。

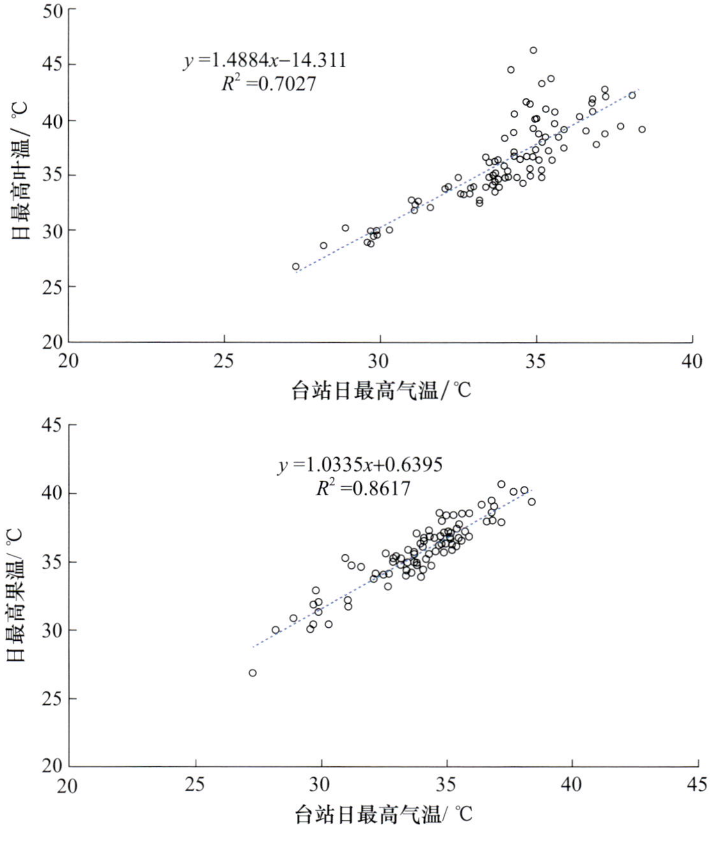

图8.4 信丰脐橙园日最高叶温与台站日最高气温散点图

根据柑橘叶片和果实高温模型,结合台站气温,可反演果园叶片高温和果实高温状况,依据柑橘高温热害指标,可更加准确地监测果园尺度柑橘高温热害。

(2)信丰脐橙园高温灾害监测

根据1991—2020年夏季(6—8月)逐日最高气温资料,基于果园日最高气温-台站日最高气温关系模型,推算同期果园日最高气温,结合脐橙高温灾害指标阈值,对历年信丰脐橙园高温灾害进行判识,结果见表8.4。

由表8.4可知,根据台站日最高气温资料和脐橙高温热害指标监测,信丰脐橙园遭受了8次以轻度为主的高温热害(1次中度热害),而根据脐橙园高温模型反演的果园日最高气温资料监测,信丰脐橙园遭受28次高温热害,其中有3次中度热害,1次重度热害,30 a中有1991年、1993年、1994年、2001年、2002年、2006年、2012年、2017年、2018年、2019年等10 a未监测到高温热害。由表8.4可知,根据果园日最高气温资料监测的柑橘高温热害比采用台站日最高气温监测的高温热害更为严重,发生的次数更多,这是由于高温季果园日最高气温明显高于当地台站日最高气温,在柑橘高温灾害监测服务中,采用果园气温资料开展高温热害监测更切合实际,灾害监测的准确度更高。

表8.4 信丰县脐橙园高温灾害监测结果(1991—2021年)

序号	台站高温开始时间(年-月-日)	台站高温及持续时间	果园高温监测及持续时间	台站高温灾害等级	果园高温灾害等级
1	1992-7-29		≥38 ℃ 3 d		轻
2	1995-7-21		≥38 ℃ 3 d		轻
3	2000-7-14		≥38 ℃ 3 d		轻
4	2003-7-14	≥38 ℃ 4 d	≥38 ℃ 7 d	轻	中
5	2003-7-27	≥39 ℃ 3 d	≥38 ℃ 9 d ≥40 ℃ 3 d	轻	中
6	2003-8-9		≥38 ℃ 3 d		轻
7	2004-8-8		≥38 ℃ 3 d		轻
8	2005-7-15	≥38 ℃ 3 d	≥38 ℃ 4 d	轻	轻
9	2007-7-20	≥38 ℃ 8 d	≥38 ℃ 11 d	中	重
10	2007-8-1	≥38 ℃ 4 d	≥38 ℃ 7 d	轻	中
11	2008-7-25	≥38 ℃ 3 d	≥39 ℃ 3 d	轻	轻
12	2008-8-19		≥38 ℃ 3 d		轻
13	2008-9-20		≥38 ℃ 3 d		轻
14	2009-8-20		≥38 ℃ 5 d		轻
15	2009-8-25		≥38 ℃ 5 d		轻
16	2009-9-4		≥38 ℃ 5 d		轻
17	2010-8-2	≥38 ℃ 3 d	≥39 ℃ 3 d	轻	轻

续表

序号	台站高温开始时间（年-月-日）	台站高温及持续时间	果园高温监测及持续时间	台站高温灾害等级	果园高温灾害等级
18	2010-8-9		≥38 ℃ 3 d		轻
19	2011-8-2		≥38 ℃ 3 d		轻
20	2011-8-19		≥38 ℃ 4 d		轻
21	2013-8-8		≥38 ℃ 3 d		轻
22	2013-8-27		≥38 ℃ 3 d		轻
23	2014-7-21		≥38 ℃ 3 d		轻
24	2014-7-28	≥38 ℃ 3 d	≥38 ℃ 5 d	轻	轻
25	2014-8-3		≥38 ℃ 5 d		轻
26	2015-8-5		≥38 ℃ 3 d		轻
27	2016-7-28		≥38 ℃ 3 d		轻
28	2020-7-24		≥38 ℃ 3 d		轻

8.3.2 区域尺度柑橘高温热害监测预警

8.3.2.1 基于智能网格数据产品的柑橘高温热害监测

(1)柑橘高温监测及效果

根据2020—2021年高温季人工气候控制试验和果园同步观测结果分析，柑橘高温热害指标主要是由日最高气温超过37 ℃的高温及持续时间来确定。省级气象部门在2020年11月以后才有“天擎”智能网格数据产品，因而，本研究采用5 km×5 km智能网格数据产品中的日最高气温资料来监测柑橘园高温发生情况并开展高温热害监测。

图8.5为利用智能网格实况分析日产品最高气温资料制作的江西省区域的高温动态分布图(2021年7月13—18日)。由图8.5可知，本轮高温天气过程主要集中在赣北赣中地区，其中以2021年7月16日最严重。在脐橙主产区赣州，7月15日开始出现连片最高气温≥37 ℃的区域，7月16日最高气温≥37 ℃区域集中在赣州中北部，并且零星出现39 ℃以上高温天气，7月17日高温强度减退，最高气温≥37 ℃区域明显缩小，7月18日仅有零星地区出现37 ℃以上高温。

图8.6为2021年7月16日最高气温智能网格实况分析产品与气象台站资料对高温监测结果的对比。由图8.6可知，智能网格实况产品资料与气象站资料对高温发生区域、高温强度的监测结果较为一致，表明智能网格实况分析产品对脐橙高温热害的监测能力较好。

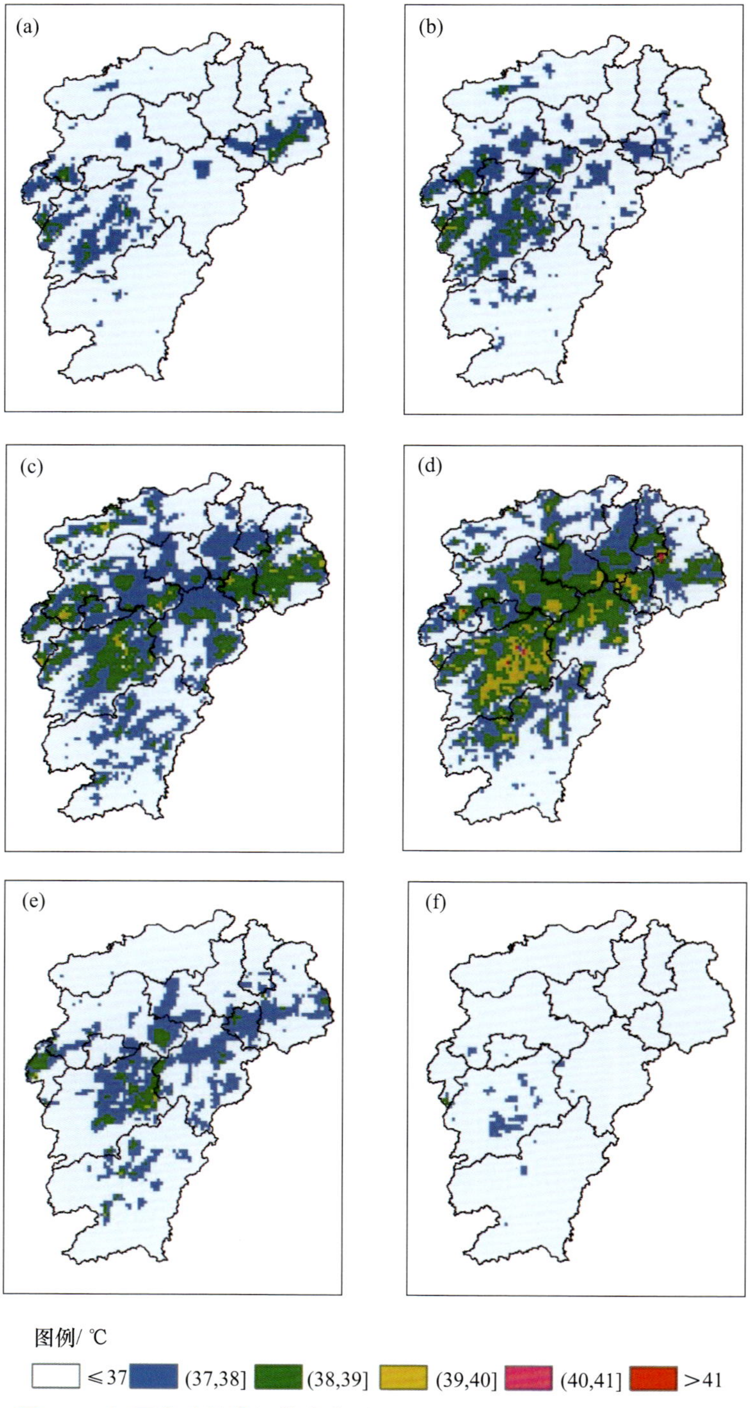

图 8.5　江西省脐橙高温热害典型过程(2021 年 7 月 13—18 日)监测

(a)7 月 13 日;(b)7 月 14 日;(c)7 月 15 日;(d)7 月 16 日;(e)7 月 17 日;(f)7 月 18 日

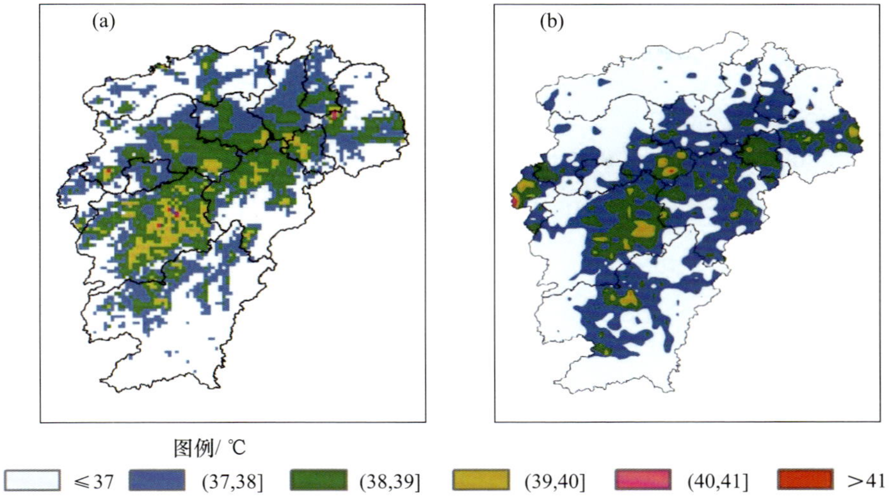

图 8.6　智能网格产品实况监测(a)与气象站实况监测(b)效果对比

(2)柑橘高温热害监测个例应用

2022 年 7 月 8—13 日,江西省柑橘主产区普遍出现 35～38 ℃高温天气,根据智能网格实况分析日产品资料监测,7 月 9 日上饶、鹰潭部分地区出现 38 ℃以上高温天气;7 月 10 日,38 ℃以上高温范围扩大至上饶南部、鹰潭大部以及抚州中部,局部地区出现 39 ℃以上高温;7 月 11—13 日,39 ℃以上高温范围扩大,主要集中在上饶南部、鹰潭大部以及抚州中南部,并且吉安南部以及九江中西部出现 38 ℃以上高温天气(图 8.7)。

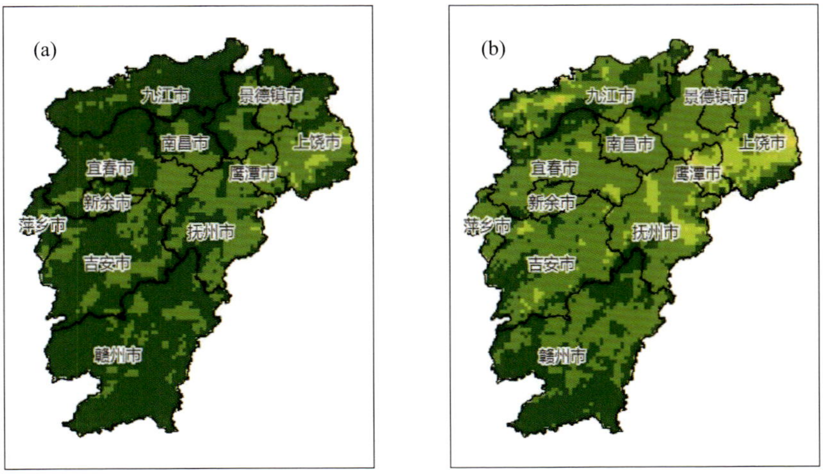

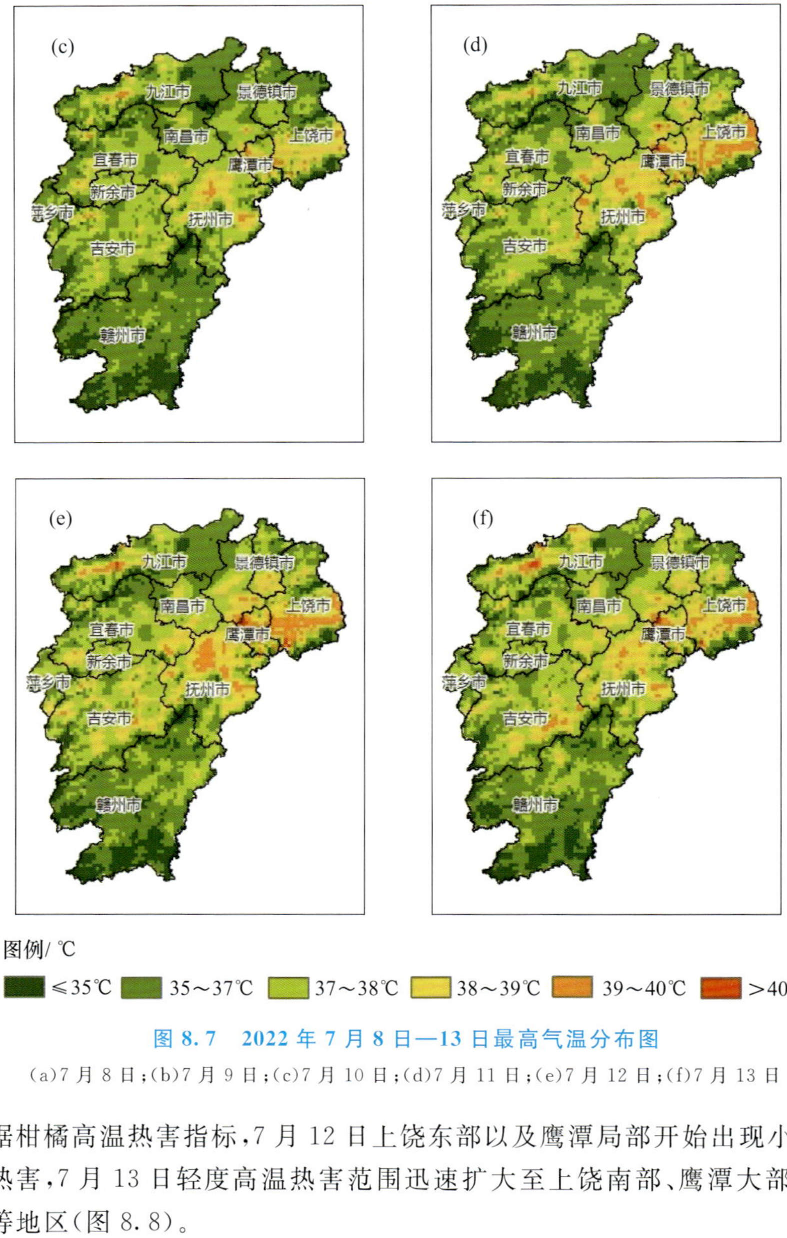

图 8.7　2022 年 7 月 8 日—13 日最高气温分布图

(a)7 月 8 日;(b)7 月 9 日;(c)7 月 10 日;(d)7 月 11 日;(e)7 月 12 日;(f)7 月 13 日

根据柑橘高温热害指标,7 月 12 日上饶东部以及鹰潭局部开始出现小范围的轻度高温热害,7 月 13 日轻度高温热害范围迅速扩大至上饶南部、鹰潭大部以及抚州中北部等地区(图 8.8)。

8.3.2.2　基于温度地理模型插值的脐橙高温监测

(1)温度地理模型的建立

以江西省柑橘主产区为例,研究区域尺度柑橘高温热害监测技术。利用江西省 93 个气象站点 1991—2020 年逐日温度资料,建立台站温度(平均气温、最高气温)与

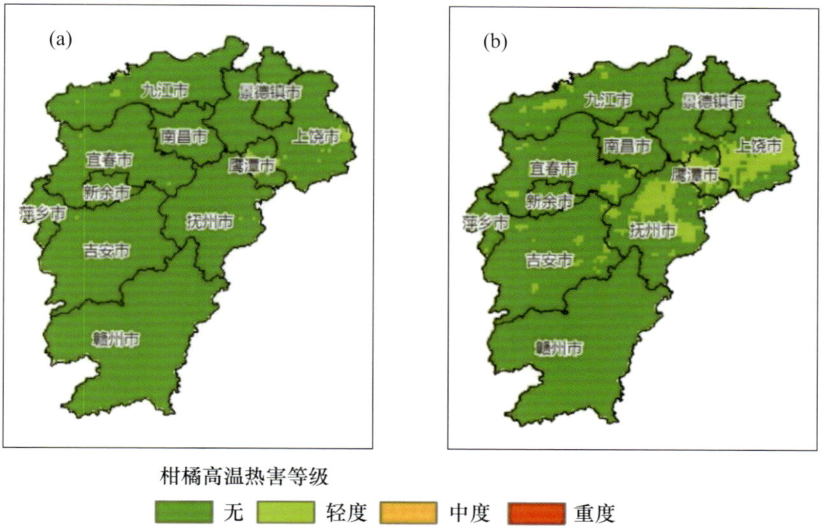

图 8.8 2022 年 7 月 12—13 日柑橘高温热害等级空间分布

(a)7 月 12 日;(b)7 月 13 日

台站经度(long)、纬度(lat)和海拔高度(alt)的关系模型,研究区域温度随地理参数的变化规律,为非气象台站气温实况反演与插值提供方法和模型。

表 8.5 为江西省年平均气温、最热月平均最高气温和日最高气温地理模型。由表 8.5可知,年、月平均气温的地理模型决定系数(R^2)均在 0.91 以上,日最高温度的决定系数在 0.8 以上,表明各地的温度状况与经度、纬度和海拔高度等地理条件密切相关,温度随着纬度和海拔高度的增加而降低,随经度的增加而增加。受海拔高度的影响,江西全省年平均气温每上升 100 m,温度下降 0.5 ℃,最热月平均最高气温则下降 0.7 ℃,日最高气温下降 0.8 ℃,说明随着海拔高度的增加,日最高温度下降明显。

表 8.5 江西省年、月、日气温地理模型

建模温度要素	温度地理模型	R^2
年平均气温	−0.672×lat+0.203×long−0.005×alt+13.995	0.954
最热月平均最高气温	−0.414×lat+0.196×long−0.007×alt+23.605	0.914
日最高气温	−0.483×lat+0.331×long−0.008×alt+12.273	0.808

注:long 为经度;lat 为纬度;alt 为海拔高度。

(2)基于温度地理模型插值的高温监测

利用表 8.5 中江西省最高气温地理模型,对当日最高气温进行插值计算,制作了江西省日最高气温分布图,同时与智能网格实况资料和台站观测资料进行对比

(图 8.9)。由图 8.9 可知,温度地理模型得到的最高气温全省大部均在 37 ℃以下,与台站监测结果差异较大,高温的高值区反映不明显;而采用智能网格实况资料进行的高温监测与台站资料监测更为接近。

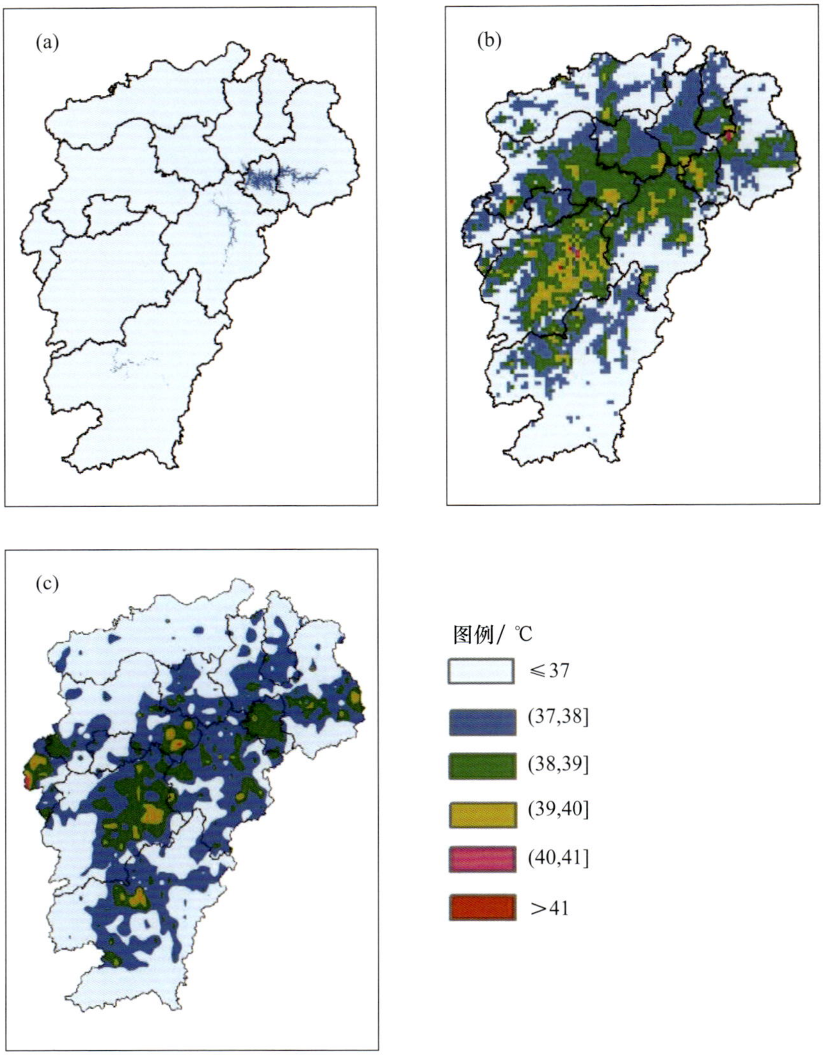

图 8.9 温度地理模型(a)、智能网格实况(b)和台站实况高温监测(c)比较(2021 年 7 月 16 日)

8.3.2.3 基于智能网格预报产品的柑橘高温热害预测

(1)柑橘高温预测及效果

针对柑橘种植区 2021 年 7 月 16 日前后的高温过程,采用中国气象局云平台“天擎”智能网格数据产品对江西省柑橘种植区高温进行预测分析。并结合智能网格实况产品，比较分析了国家级格点预报指导产品对提前 7 d、3 d 和 1 d 的高温预报效果，结果见图 8.10。

由图可知，对于国家级指导预报（图 8.10a—c），各预报时效均预测出了高温中心位置，但高估了高温中心的最高气温值，低估了 37 ℃以上高温的影响范围。相比于 3 d 预报时效（图 8.10b），提前 1 d 的预报结果对最高气温预报有所调低（图 8.10c），因此高温中心与实况更为接近，但 37 ℃以上高温的影响范围仍小于实况（图 8.10d）。

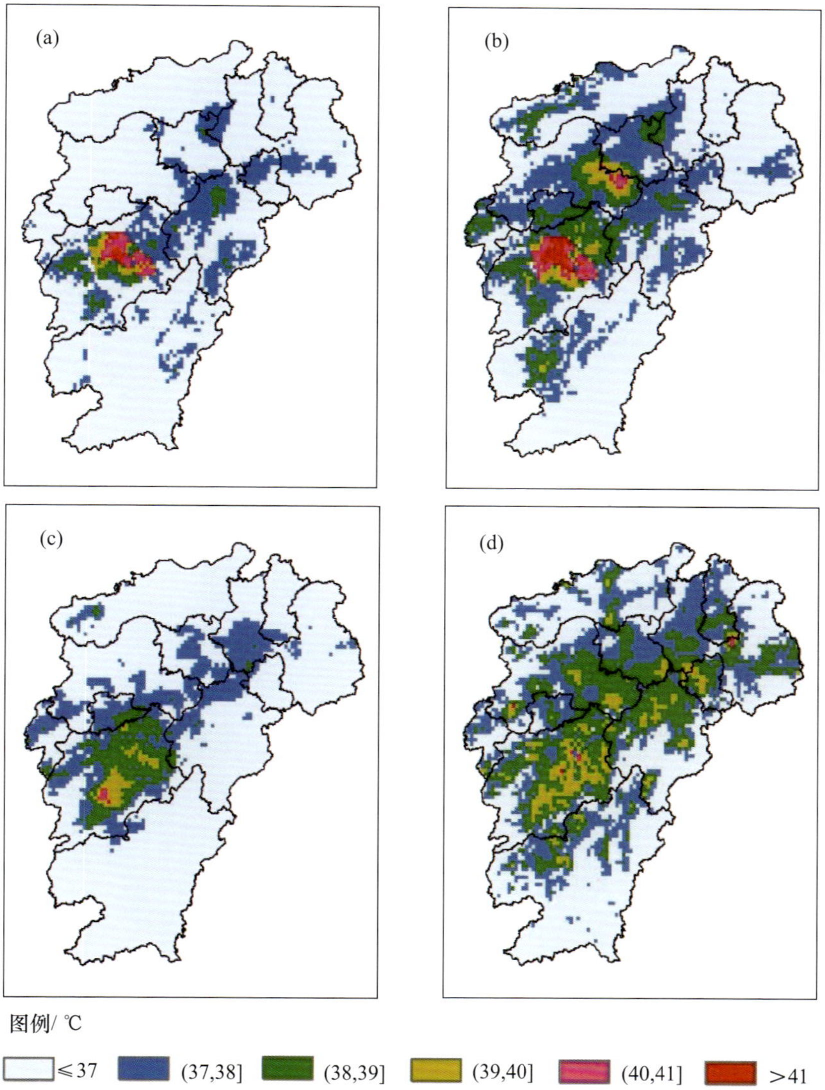

图 8.10　基于国家级智能网格指导预报（a—c）对脐橙高温的预测与最高气温实况（f）的比较

（a）7 d 预报；（b）3 d 预报；（c）1 d 预报；（d）实况

(2)柑橘高温热害预测个例应用

根据 2022 年 7 月 8—13 日江西省高温和高温热害预测结果(见图 8.11、图 8.12),研究中采用 2022 年 7 月 14—23 日 5 km×5 km 智能网格预报数据产品中的国家级格点预报产品,对江西省柑橘主产区的高温天气及高温热害进行预测分析。高温预测结果见图 8.11。由图可知,7 月 14—16 日赣中、赣北的大部地区仍将维持 38 ℃以上高温天气,其中以 7 月 15 日范围最大,上饶南部、鹰潭大部、抚州中北部以及宜春东部将出现 39 ℃以上高温天气;7 月 17—21 日,全省大部高温减弱,未出现 38 ℃以上高温连片区域;7 月 22 日开始,全省又迎来一次高温天气过程,其中 38 ℃以上高温区域主要集中在上饶南部、抚州中北部、宜春东部以及吉安西部地区,其中抚州中北部将出现 39 ℃以上高温天气,局部可达 40 ℃。

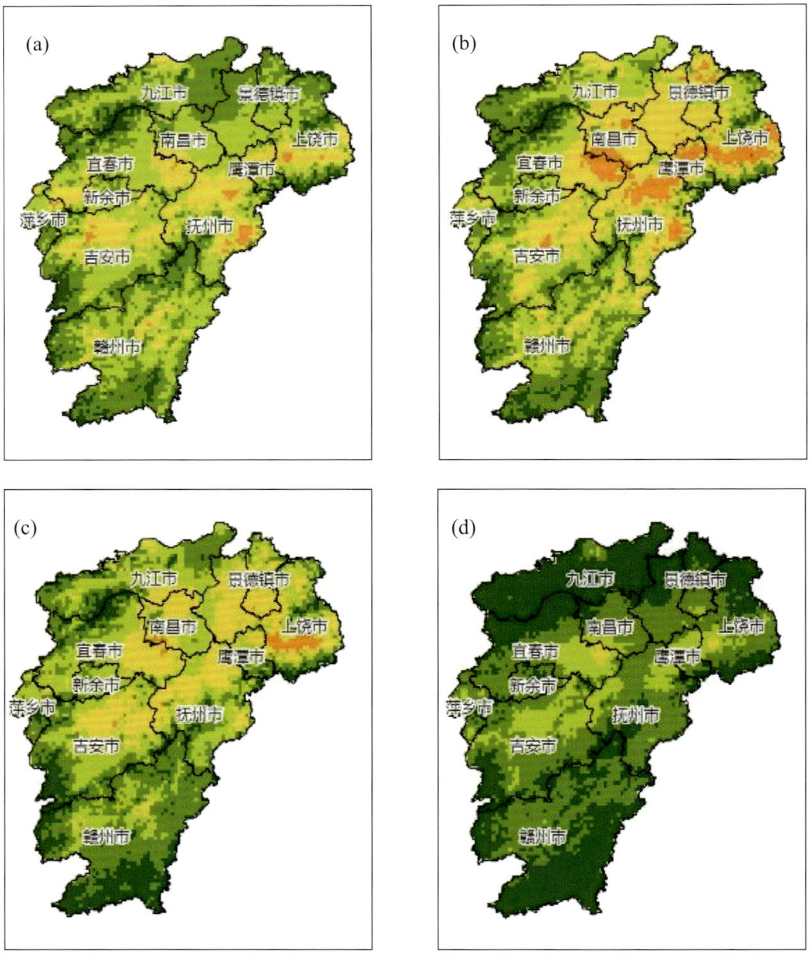

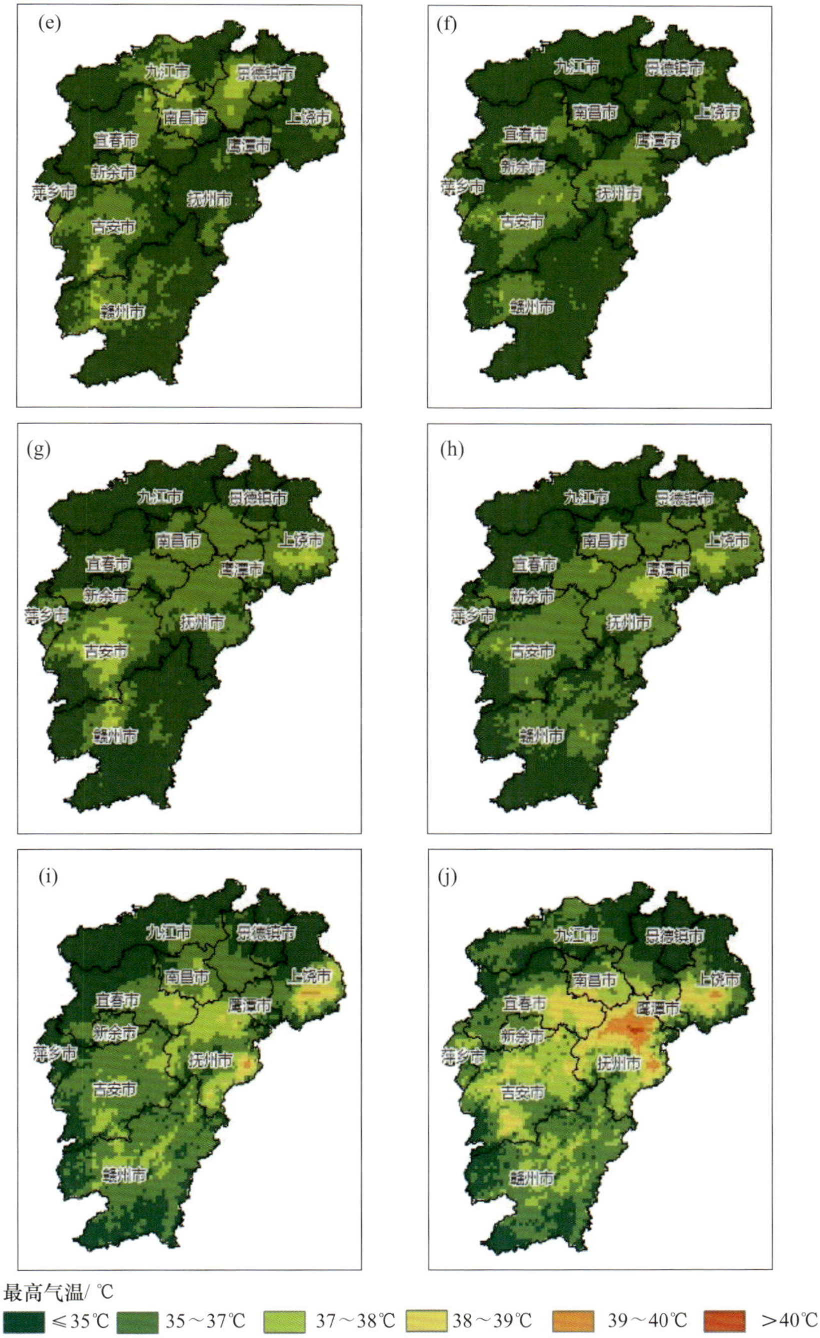

图 8.11　2022 年 7 月 14 日—23 日江西省最高气温预报结果分布

(a)7 月 14 日;(b)7 月 15 日;(c)7 月 16 日;(d)7 月 17 日;(e)7 月 18 日;(f)7 月 19 日;(g)7 月 20 日;(h)7 月 21 日;(i)7 月 22 日;(j)7 月 23 日

根据柑橘高温热害指标阈值，受前期高温和高温灾害叠加影响，预报 7 月 14—16 日，上饶南部、鹰潭大部、抚州大部将出现连片柑橘高温热害，九江西部、宜春东部以及吉安中东部将出现零散柑橘高温热害，受害程度以轻度为主，其中 7 月 16 日上饶东部局地将出现中度高温热害；7 月 17 日柑橘高温热害减退(图 8.12)。

综上所述，采用智能网格实况分析产品开展柑橘高温监测效果较好，能较客观地反映高温发生的实际情况；采用温度地理模型开展的高温监测效果一般，高温的高、低值区较难反映客观实现。

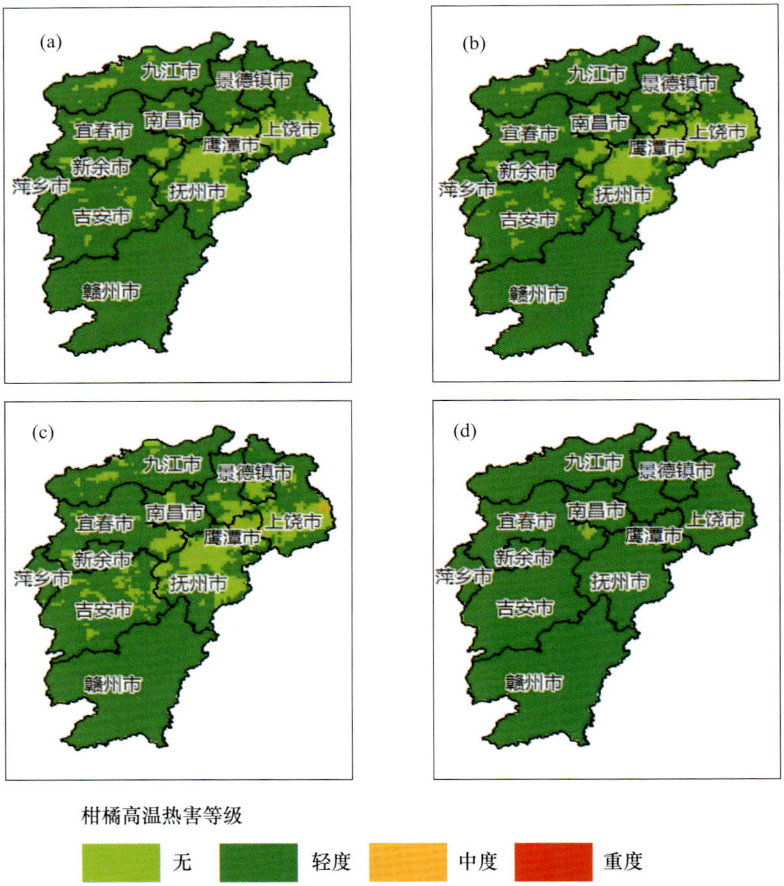

图 8.12　2022 年 7 月 14—17 日江西省柑橘高温热害等级分布

(a)7 月 14 日；(b)7 月 15 日；(c)7 月 16 日；(d)7 月 17 日

8.3.3　果园尺度脐橙冻害监测

(1)柑橘园最低气温与气象台站最低气温关系模型

根据 2020—2021 年信丰县、南丰县冬季(12 月—翌年 2 月)果园小气候自动观测资料和当地气象台站温度资料，研究建立了低温季果园日最低气温与台站日最低气温间的关系模型，结合柑橘低温冻害指标阈值，开展柑橘果园尺度低温冻害监测。信丰脐橙园和南丰蜜橘园日最低气温与台站日最低气温间的散点图见图 8.13。

根据低温季（12 月—翌年 2 月）果园气温与气象观测站气温间的关系，建立了柑橘果园日最低气温与当地台站日最低气温关系模型：

信丰脐橙园：$y=0.9764x-0.4211$，　　$R^2=0.9621$　　(8.5)

南丰蜜橘园：$y=0.9346x+0.5995$，　　$R^2=0.9456$　　(8.6)

式中，y 表示柑橘果园日最低气温，x 表示当地气象台站日最低气温。两柑橘园关系模型的决定系数（R^2）均在 0.94 以上，表明橘园最低温度与台站最低温度具有良好的相关性。

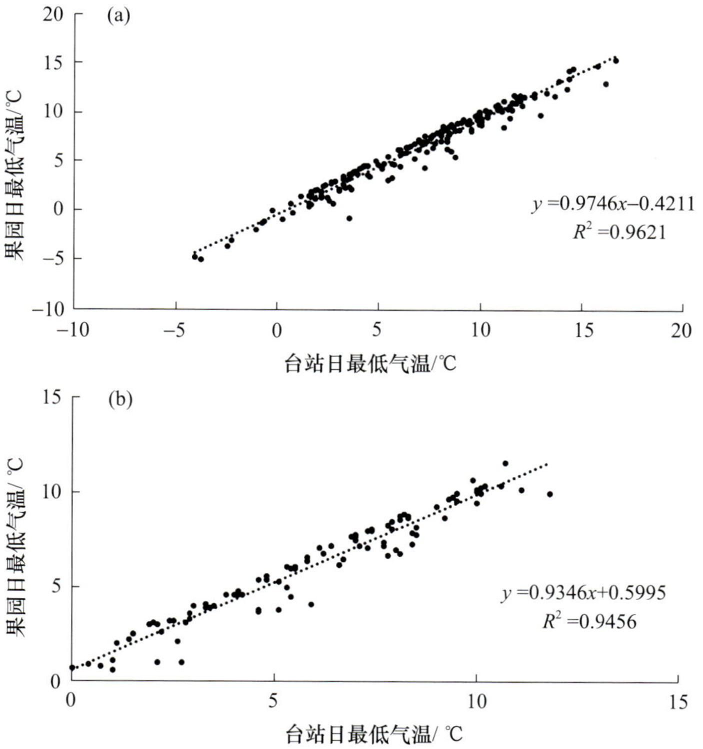

图 8.13　信丰(a)、南丰(b)柑橘园低温季日最低气温与当地台站日最低气温度散点图

（2）脐橙园低温冻害监测及效果分析

根据江西省信丰县气象观测站 1991—2021 年日最低气温历史资料，依据果园与气象观测站最低气温的关系模型，采用柑橘冻害指标阈值判定法，开展果园尺度脐橙冻害监测，其结果见表 8.6。

表 8.6 信丰县脐橙冻害监测结果(1991—2021 年)

年份	实际最低气温/℃	实际冻害等级	指标监测的冻害等级	年份	实际最低气温/℃	实际冻害等级	指标监测的冻害等级
1991	−3.8	1	1	2006	−1.6	0	0
1992	−1.4	0	0	2007	−0.7	0	0
1993	−1.6	0	0	2008	−0.2	0	0
1994	−2.2	0	0	2009	−3.4	1	1
1995	−1.4	0	0	2010	−3.2	1	1
1996	−1.2	0	0	2011	−0.8	0	0
1997	−1.6	0	0	2012	−2.0	0	0
1998	−0.1	0	0	2013	−0.9	0	0
1999	−5.1	2	2	2014	−0.9	0	0
2000	−1.4	0	0	2015	2.1	0	0
2001	−1.0	0	0	2016	−3.5	1	1
2002	−2.1	0	0	2017	−0.8	0	0
2003	−1.4	0	0	2018	−3.2	0	1
2004	−2.2	0	0	2019	0.4	0	0
2005	−3.4	1	1	2020	−0.6	0	0
				2021	−4.0	1	1

注:冻害等级划分,0:无;1:轻度;2:中度;3:重度。

由表 8.6 可知,近 31 a 来,根据冻害指标阈值判定法监测的信丰脐橙冻害发生情况基本与实际相符,除 2018 年指标判定脐橙受轻度冻害而实际情况并未发生外,其余年份都与实际相符,采用果园低温模型,依据低温冻害指标判定法开展的果园尺度脐橙冻害监测准确率达 96.7%。

8.3.4 区域尺度脐橙冻害监测

8.3.4.1 基于智能网格数据产品的脐橙冻害监测

利用智能网格实况分析日产品中最低气温资料,结合脐橙冻害等级指标,采用灾害指标阈值判别法,研究分析了 2020 年 12 月 30 日—2021 年 1 月 4 日江西省脐橙冻害过程,结果见图 8.14。这次低温冻害过程尽管在赣中、赣北较长时间且大范围达到脐橙冻害指标,但由于江西省脐橙种植主要集中在赣南,赣南脐橙是我国脐橙地理标志产品,因而研究中主要分析赣南脐橙的冻害情况。由图 8.14 可知,此次低温过程对赣南脐橙的影响主要在 2020 年 12 月 31 日—2021 年 1 月 3 日,其中以 2021 年 1 月 1—2 日的冻害最为严重,赣南大范围达到轻-中度冻害危害,赣南东北部局地达到重度危害。2021 年 1 月 3 日冻害明显减轻,1 月 4 日冻害过程结束。

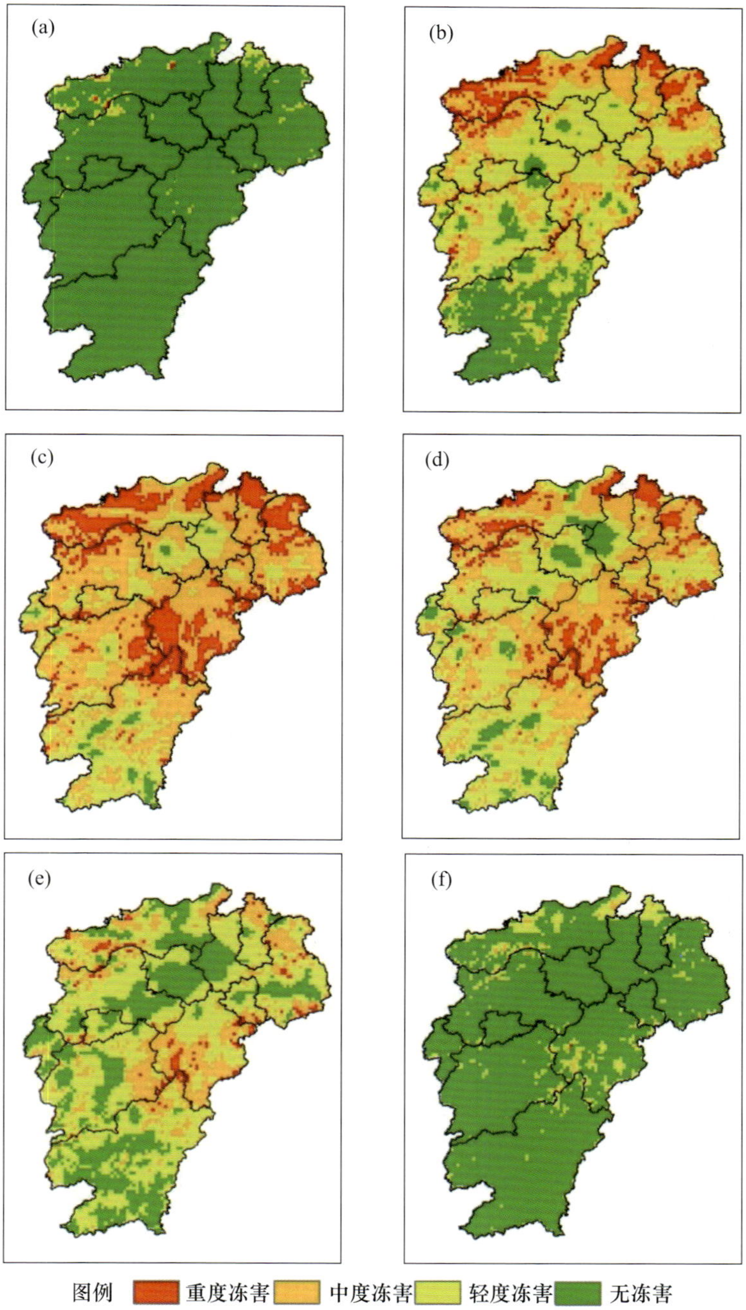

图 8.14　江西省脐橙低温冻害监测图(2020 年 12 月 30 日—2021 年 1 月 4 日)

(a)2020 年 12 月 30 日;(b)2020 年 12 月 31 日;(c)2021 年 1 月 1 日;(d)2021 年 1 月 2 日;(e)2021 年 1 月 3 日;(f)2021 年 1 月 4 日

脐橙冻害监测验证。图 8.15 是江西省 2021 年 1 月 1 日采用智能网格实况分析日产品与气象观测站、区域自动气象站实况资料对脐橙冻害的监测结果比较。由图可知，采用智能网格实况产品的监测与采用气象站实况资料的监测无论是冻害发生区域、灾害等级，监测结果都非常一致，说明采用智能网格实况分析日产品最低温度资料对脐橙冻害的监测效果很好，该智能网格数据产品可充分应用于脐橙冻害的监测服务。

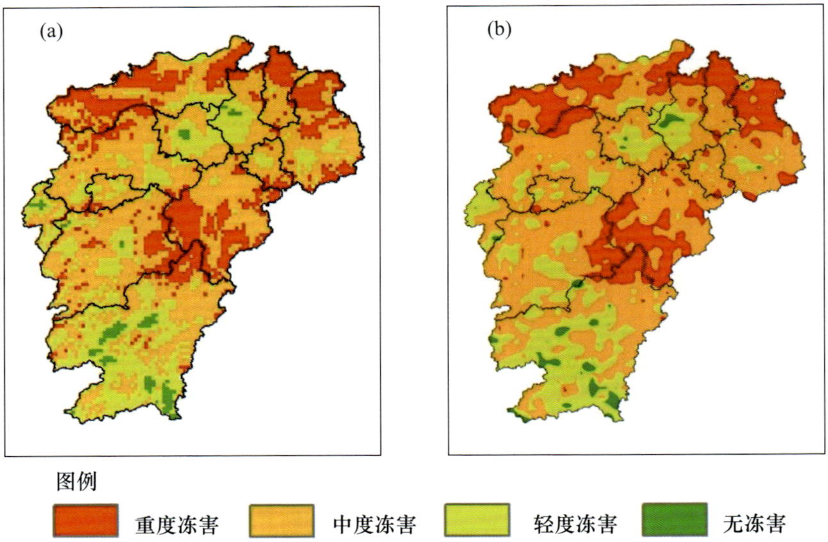

图 8.15　智能网格实况监测产品(a)与气象观测站监测实况(b)对比

8.3.4.2　基于温度地理模型的脐橙低温冻害监测

(1)低温地理模型的建立

以江西省柑橘主产区为例，研究区域尺度柑橘低温冻害监测技术。利用江西省 93 个气象站点 1991—2020 年逐日温度资料，建立台站平均气温、最低气温与经度、纬度和海拔高度的关系模型，为非气象台站气温的实况反演与插值提供模型方法，建立的低温地理模型见表 8.7。

表 8.7　江西省低温地理

温度要素	温度地理模型	R^2
年平均气温	−0.672×lat+0.203×long−0.005×alt+13.995	0.954
最冷月平均最低气温	−0.963×lat+0.148×long−0.004×alt+13.665	0.946
日最低气温	−0.530×lat−0.252×long−0.003×alt+39.961	0.642

注：long 为经度；lat 为纬度；alt 为海拔高度。

表 8.7 为江西省年平均气温、最冷月平均最低气温、某日最低气温的地理模型。由表可知，年、月平均气温的地理模型决定系数(R^2)均在 0.94 以上，但日最低气温

地理模型的决定系数在 0.6 以上，表明各地的低温状况和高温状况一样，与经度、纬度和海拔高度等地理条件密切相关，最低温度也随着纬度和海拔高度的增加而降低，随经度的增加而增加。

(2)低温冻害监测及效果分析

根据表 8.7 中日最低气温模型，制作最低气温分布图，结合柑橘冻害指标，得到柑橘冻害分布图；同时与采用当日智能网格实况产品资料、气象台站观测资料监测的冻害等级进行对比，结果见图 8.16。由图可知，低温度地理模型监测的柑橘冻害发生情况与实际差异较大，并不能准确地反映柑橘冻害等级的空间分布；而智能网格实况产品与气象台站监测的结果更为吻合。

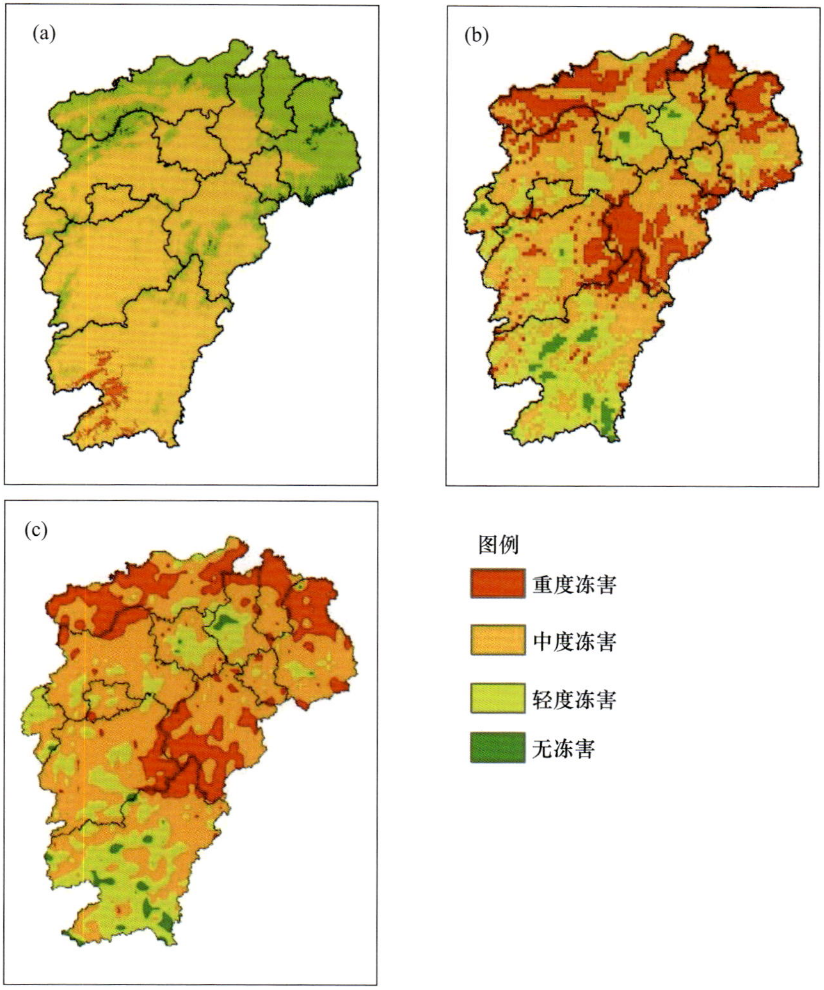

图 8.16　温度地理模型(a)、智能网格实况监测产品(b)和气象站实况监测(c)的柑橘冻害等级分布(2021 年 1 月 1 日)

8.3.4.3 区域尺度脐橙冻害预测

由于智能网格预报中的国家级预报产品从 2021 年 4 月 15 日以后才有存档文件;同时,省级订正预报产品的预报时效在 2021 年 11 月 29 日之前为 3 d,因而本研究只评估 3 d 和 1 d 预报时效下省级订正预报对柑橘冻害的预测能力。受智能网格数值预报产品存档时间和脐橙低温冻害发生状况的限制,研究中采用 3 d 和 1 d 智能网格省级订正预报产品,对 2021 年 1 月 1 日的脐橙冻害进行预测分析,结果见图 8.17。

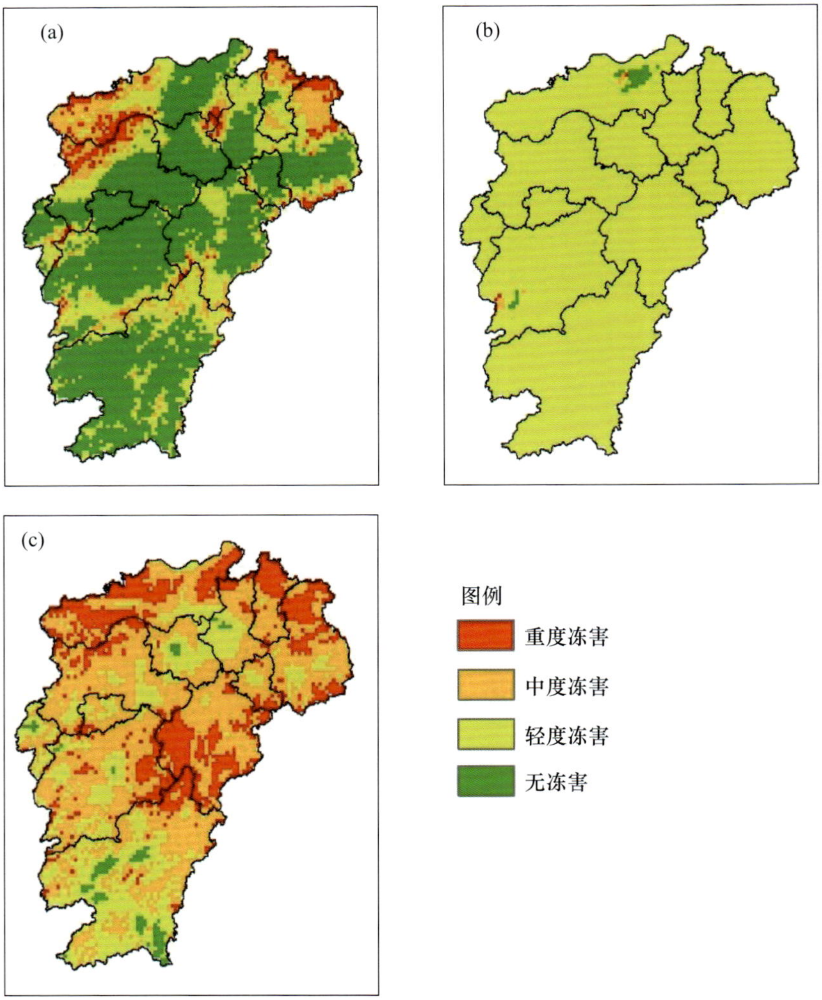

图 8.17　3 d(a)和 1 d(b)预报时效下省级订正预报产品对脐橙冻害的预报与实况(c)对比

由图 8.17 可知,和脐橙冻害实况相比(图 8.17c),3 d 预报时效的智能网格预报产品预测出了赣西北、赣东北以及赣州北部脐橙冻害的发生区域,但低估了冻害危害等级(图 8.17a);对其他地区的预测结果以无冻害为主,而实际发生了轻-中度冻害。随着灾害过程临近,1 d 预报时效的预报产品有了较大订正,预报了全省脐橙发生冻害危害,但对冻害等级仍处于偏低状态,未能反映出冻害的强度,整体低估了本次低温冻害的发生等级。因而,目前智能网格预报产品对脐橙冻害的预测能力还有待于加强。

综上所述,基于智能网格实况日分析产品的柑橘高、低温灾害监测结果能够有效再现灾害的发生区域和灾害等级,并且在复杂地形上的表现优于气象站的监测结果,因此智能网格实况日分析产品可替代气象站资料用于柑橘高、低温灾害精细化监测。基于智能网格预报产品的灾害预报结果显示,该产品较适用于种植在复杂地形环境的柑橘高、低温灾害预报。

第 9 章

柑橘气象产量预报与品质评价及保险

9.1 柑橘气象产量预报

9.1.1 气象产量预报方法

假设年际间柑橘生产管理水平相对稳定，其产量变化主要是由年际气象因素变化引起。以区域为单位(单个种植主体、县级区域、市级区域)，根据其历史柑橘产量序列，通过正交多项式、线性回归法拟合出趋势产量，用实际产量和趋势产量计算得出气象产量；用相关分析法，分析与气象产量有关的气象因素和时段，找出相关程度较高的气象因素；通过回归分析，建立气象产量与单个、多个气象因素间的关系模型，利用相关系数达显著水平以上的模型，对当年某区域的气象产量进行预测，预测的气象产量加该区域趋势产量即为当年的预测产量。

9.1.2 气象产量预报模型

(1)黎勃等(1993)以湖南省为例，建立了 3 个大气环流因子与湖南省柑橘气象产量的关系：

$$Y_w = 287.55 + 0.656X_1 - 17.79X_2 - 14.21X_3 \tag{9.1}$$

式中，Y_w为气象产量，X_1为 1 月北半球 500 hPa 平均极涡中心强度(g)，X_2为 4 月亚欧地区平均纬向环流指数，X_3为 6 月 500 hPa 平均副高脊线位置(纬度)。

(2)高阳华等(1994)以重庆开州区为例，建立了相对柑橘气象生理产量模型：

$$Y_t = -0.307Y_{t-1} + 0.77X_1 + 0.11X_2 - 0.00021e^{2/3}X_3 - 0.00012e^{2/3}X_4 - 0.00082e^{1/3}X_5 - 0.22X_6 + 0.15X_7 + 144.7 \tag{9.2}$$

式中，Y_t为当年相对柑橘气象生理产量，Y_{t-1}为上一年柑橘气象生理产量，X_1为2月日照时数与平均气温之比，X_2为3—4月降水量，X_3为5月平均最高气温，X_4为6月平均气温，X_5为7月中旬—8月中旬平均气温，X_6为7—8月最长连续无降水日数，X_7为9月日照时数与降水日之比。

(3)唐余学(2012)以重庆开州区为例，研究得出柑橘气象生理产量主要与当年累积危害积温、上一年气象生理产量两个因素有关，建立了重庆开州区柑橘气象生理产量预报模型：

$$Y_t = 22.293 - 1.152K - 0.234Y_{t-1} \tag{9.3}$$

式中，Y_t为当年的气象生理产量，K为当年的累积危害积温，Y_{t-1}为上一年气象生理产量。

(4)李迎春(2013)以江西赣州市和信丰县脐橙产区为例，建立了县市级区域脐橙气象产量预报模型：

$$Y_1 = -589.547 - 0.019X_1 + 2.113X_2 + 0.105X_3 \tag{9.4}$$

$$Y_2 = -399.59 - 0.005X_1 + 2.643X_2 + 0.073X_3 \tag{9.5}$$

两模型中，Y_1、Y_2分别为信丰县、赣州市脐橙气象产量，X_1为4—11月日照时数，X_2为极端最低气温，X_3为年≥10 ℃积温。

9.2　柑橘气候品质评价

9.2.1　柑橘气候品质评价方法

柑橘气候品质是指由天气气候条件决定的柑橘鲜果品质。柑橘气候品质评价则是指从气象学角度，评价分析天气气候条件对柑橘鲜果品质的影响，并对柑橘气候品质进行等级评定。评价要求主要有以下几点。

(1)评价的柑橘应来源于申请评价的生产区域范围内鲜果，种植面积宜不小于1 hm^2。

(2)产地环境技术条件应符合《无公害食品　柑桔产地环境条件》(NY 5016—2001)(中华人民共和国农业部，2001)中第4章的规定；种植在适宜的光温区内，年降水量宜超过1000 mm。

(3)柑橘等级规格应符合《柑橘等级规格》(NY/T 1190—2006)(中华人民共和国农业部，2006)中第4章的规定；柑橘采收应达到果实的成熟度。

(4)柑橘生产过程中不应受到严重的病虫害和气象灾害影响。

(5)评价所用气象资料应符合《农产品气候品质认证技术规范》(QX/T 486—

2019)(全国农业气象标准化技术委员会,2019)中3.2的规定。

柑橘气候品质评价工作的开展分为三个阶段。

第一阶段是信息采集及核定阶段。主要是对评价区域和申请对象情况进行调查,确定是否具有开展柑橘气候品质评价服务的条件。具体包括以下几个方面:

(1)评价委托人应具备的条件

① 取得国家工商行政管理部门或有关机构注册登记的法人资格;

② 已取得相关法规规定的行政许可。

(2)评价产品应具备的条件

有注册商标(品牌)及包装,生产技术和产品质量符合国家强制性技术规范和中华人民共和国相关法律、法规、安全卫生标准的要求。

(3)评价产品所在区域应具备的条件

具有固定的生产区域,在该区域附近已有或可新建能够代表该区域气象条件、符合国家气象观测规范及监测质量标准要求的自动气象站或农田小气候站。

(4)评价申请时间

评价申请时间应在柑橘鲜果品质形成关键期之前。

(5)评价委托人应提交的文件和资料

① 评价委托人的合法经营资质文件复印件,如营业执照、土地使用权证明及合同、生产区域分布图等。当评价委托人不是农产品的直接生产者时,评价委托人与农产品生产者签订的书面合同复印件;

② 品牌商标证书或商标注册所有人授权书,已获得的资质、评价、荣誉的证明材料;

③ 评价委托人及其生产、加工的基本情况;

④ 评价委托人名称、地址、联系方式;当评价委托人不是农产品的直接生产者时,需提供直接生产者的名称、地址、联系方式;委托人生产经营类型、生产基地地址等;

⑤ 评价区域及小气候控制措施;

⑥ 评价农产品的名称、品牌、产量、产值、规格、规模;该柑橘品种典型特征特性描述;申请评价标志的数量和产品包装规格等;

⑦ 评价委托人承诺书:承诺守法诚信,接受行政监管部门及气候品质评价机构监督和检查,保证提供材料真实有效等声明。

第二阶段是数据采集阶段。主要是气象数据和关键生育期数据采集,并准确记录柑橘生长发育关键生育期及农事活动。数据来源按就近原则,选择距离服务区域最近、立地环境条件相似、符合国家气象观测规范及监测质量标准要求的自动气象站或农田小气候站的气象资料。服务区域中若没有农业小气候观测站,可在柑橘鲜果品质形成关键期前,新建能够代表该区域气象条件的农田小气候站或气象自动观测站进行观测，或者安装便携式的小气候观测设备进行观测。柑橘鲜果品质主要参照《食品中还原糖的测定》(GB/T 5009.7—2008)(中华人民共和国卫生部，2008)、《柑桔鲜果检验方法》(GB/T 8210—2011)(中国国家标准化管理委员会，2011)、《地理标志产品　赣南脐橙》(GB/T 20355—2006)(全国地理标志产品标准化工作组，2006)等标准，检测可溶性固形物、总酸量、固酸比、可食率等指标。

第三阶段是评价报告制作阶段。主要是从企业介绍、产地环境、气候概况、农业气象灾害情况、影响柑橘鲜果品质的关键气象因子及其变化情况、柑橘气候品质等级评价结论等方面，详细论证该地区气象条件对柑橘气候品质的影响。

9.2.2　柑橘气候品质评价模型

柑橘气候品质评价模型可参考气象行业标准《农产品气候品质评价　柑橘》(QX/T 592—2020)(全国农业气象标准化技术委员会，2020)进行，见式(9.6)。

$$I_Q = \sum_{i=1}^{5} a_i M_i \tag{9.6}$$

式中，I_Q为柑橘气候品质评价指数；a_i为第 i 个气候品质指标的权重系数，分别为全年日最高气温≥35 ℃的最长持续天数、6 月下旬—10 月下旬累计日照时数、9 月下旬—10 月下旬气温日较差的平均值、4 月下旬—10 月下旬日评价气温≥10 ℃活动积温、9 月—10 月累计降水量的权重系数，宜分别取 0.10、0.20、0.25、0.20、0.25；M_i为第 i 个气候品质指标的分级赋值。

柑橘气候品质评价指标的分级赋值见表 9.1。

表 9.1　评价指标分级赋值

M_i赋值	全年日最高气温≥35 ℃的最长持续天数(D)/d	6 月下旬—10 月下旬累计日照时数(S)/h	9 月下旬—10 月下旬气温日较差的平均值(ΔT)/℃	4 月下旬—10 月下旬日平均气温≥10 ℃活动积温(A)/℃·d	9—10 月累计降水量(R)/mm
3	$D \leqslant 5$	$S \geqslant 850$	$\Delta T \geqslant 7.0$	$A \geqslant 4680$	$240 < R < 340$
2	$5 < D \leqslant 8$	$770 < S < 850$	$6.0 \leqslant \Delta T < 7.0$	$4500 \leqslant A < 4680$	$200 \leqslant R \leqslant 240$ 或 $340 \leqslant R \leqslant 490$
1	$8 < D \leqslant 10$	$600 < S \leqslant 770$	$5.0 \leqslant \Delta T < 6.0$	$4000 \leqslant A < 4500$	$150 \leqslant R < 200$ 或 $490 < R \leqslant 600$
0	$D > 10$	$S \leqslant 600$	$\Delta T < 5.0$	$A < 4000$	$R < 150$ 或 $R > 600$

按柑橘气候品质评价指数，将柑橘气候品质划分为特优、优、良、一般4个等级。等级划分与评价指数见表9.2。

表9.2 等级划分与评价指数

等级	气候品质评价指数(I_Q)	品质等级对应的可溶性固形物含量参考值(S_S)/%
特优	$I_Q \geq 2.96$	$S_S \geq 12.0$
优	$2.50 \leq I_Q < 2.96$	$11.0 \leq S_S < 12.0$
良	$2.00 \leq I_Q < 2.50$	$10.0 \leq S_S < 11.0$
一般	$I_Q < 2.00$	$S_S < 10.0$

9.3 柑橘气象指数保险

9.3.1 柑橘气象指数保险设计方法

柑橘气象指数保险设计方法分为以下六个步骤。

(1)保险条件的设计。由于柑橘气象指数保险最终的赔付不是根据个别生产者的损失情况进行，而是与实际的温度指数有关，其所依据的是气象管理部门提供的气象信息。因此，在条款设计中，需根据指数保险的特点简化对保险标的的要求。如南丰蜜橘气象指数保险中，对于保险标的的规定是必须符合"在当地生长一年以上"的条件。

(2)保险金额的设置。综合考虑柑橘的种植成本和产量因素，可将保险金额设置为定额保险。根据不同树龄的果实投入成本、产量以及果农购买需求的不同，设计不同档次的保险金额供果农选择，也可对保险金额较高的档次提出具体的树龄要求。

(3)保险责任的设置。在保险合同中需明确保险范围以及理赔细则。如江西省人保财险分公司在南丰蜜橘气象指数保险合同中，将保险责任设置为"在本保险期间内，保险果树所在行政乡(镇)气象观测站经审核的日最低温度达到保险合同规定的起赔温度(含)以下，保险人依照本保险合同约定负责赔偿"。

(4)保险理赔标准的设置。为满足果农多样化的保险保障需求，可在柑橘气象指数保险产品中设计多个起赔点，由果农根据自己的保险需求自主选择。

(5)费率的厘定。费率厘定一般由保险公司根据前期测算中最低温度发生概率的基础上，结合赔偿标准，建立费率厘定模型。

（6）风险管控的设置。为确保柑橘气象指数保险长期稳定经营，在条款设计中一般会设置风险管控。风险管控包括但不限于：设置免赔责任，或明确在特殊情况下出现多次赔付的情况时的处置方式等。

9.3.2 柑橘气象指数保险产品

（1）浙江柑橘冻害气象指数保险产品

2006—2009 年，柑橘冻害气象指数保险在浙江推广应用。该指数采用极端最低气温作为气象指标，按年极端最低气温划分 4 个等级，每个气象指数值对应一定赔付率。区域投保产量以平均区域历史产量为依据。一般而言，柑橘种植第 4 年后进入丰产期。此时，把正常年景下的平均区域产量作为成年橘园的投保产量，而树龄为 1 a、2 a、3 a 的柑橘园投保产量分别为平均区域产量的 25%、50%、75%。此外，按照浙江省各地区最低温度出现强度、柑橘品种抗冻能力和浙江省柑橘品种分布，将浙江省柑橘生产布局分为Ⅰ区和Ⅱ区，得出浙江省柑橘冻害保险气象理赔指数，如表 9.3所示。

表 9.3 浙江省柑橘冻害指数保险内容

地区	理赔指数	低温冻害指数 T_{LD}/℃	平均减产率/%	赔付率/%
Ⅰ区	0	$T_{LD}>-9$	<40	0
	1	$-10<T_{LD}\leqslant-9$	<50	50
	2	$-11<T_{LD}\leqslant-10$	<70	70
	3	$T_{LD}\leqslant-11$	<90	90
Ⅱ区	0	$T_{LD}>-7$	<40	0
	1	$-8<T_{LD}\leqslant-7$	<50	50
	2	$-9<T_{LD}\leqslant-8$	<70	70
	3	$T_{LD}\leqslant-9$	<90	90

注：各级理赔指数对应的低温冻害指数变化范围为 1 ℃，对应的减产率取平均减产率。

（2）江西南丰蜜橘气象指数保险产品

2011 年，江西省气象局与江西人保财险分公司联合研发了南丰蜜橘气象指数保险产品。该产品包括保险金额、保险理赔标准、保险费率等方面。具体见表 9.4—表 9.6。

表 9.4　南丰蜜橘气象指数保险金额表

档次	每株保险金额/元	投保条件
第一档	10	树龄在一年(含)以上
第二档	20	
第三档	30	
第四档	40	树龄在四年(含)以上
第五档	50	
第六档	80	

表 9.5　南丰蜜橘气象指数保险理赔标准表

日最低气温	理赔标准一	理赔标准二	理赔标准三
−4 ℃～−3 ℃	每株保险金额×3%	—	—
−6 ℃～−4 ℃	每株保险金额×5%	每株保险金额×5%	—
−8 ℃～−6 ℃	每株保险金额×25%	每株保险金额×20%	每株保险金额×25%
−10 ℃～−8 ℃	每株保险金额×70%	每株保险金额×70%	每株保险金额×70%
−10 ℃	每株保险金额×100%	每株保险金额×100%	每株保险金额×100%

表 9.6　南丰蜜橘气象指数保险费率表

保险标准	费率
保险标准一(−3 ℃起赔)	8%
保险标准二(−4 ℃起赔)	6%
保险标准三(−6 ℃起赔)	5%

(3)湖南柑橘气象指数保险产品

湖南柑橘气象指数保险产品考虑了温度和降雨量两个气象要素，通过分析柑橘气象致灾因子和减产率的关系来设计，根据不同风险等级的区域，划分柑橘纯保险费率和毛保险费率(见表 9.7)。

表 9.7　湖南不同风险区域下的柑橘毛保险费率

风险等级	覆盖区域	纯保险费率/%	毛保险费率/%
Ⅰ	岳阳市	1.38	2.0
	常德市	1.83	2.7
	张家界市	1.38	2.0
	益阳市	2.29	3.3
	郴州市	3.21	4.7
	永州市	0.92	1.3
	湘西自治州	0.92	1.3

续表

风险等级	覆盖区域	纯保险费率/%	毛保险费率/%
Ⅱ	长沙市	2.75	4.0
	株洲市	2.75	4.0
	湘潭市	3.21	4.7
	衡阳市	1.38	2.0
	邵阳市	2.29	3.3
	怀化市	1.38	2.0
	娄底市	1.83	2.7

假设每亩柑橘的保险金额为1000元，则最终的保险计算公式为：

$$保险费＝保险金额(元/亩)×毛费率×投保面积(亩) \quad (9.7)$$

根据湖南省柑橘保险条款和气象灾害实际，所涉及的湖南柑橘气象指数保险产品涵盖两类指数：一类是低温冻害指数；另一类是高温干旱指数。表9.3—表9.5给出了两类指数的综合费率。以下是具体保险责任范围与赔付标准。

第一，以年极端最低气温低于−5 ℃为柑橘冻害的起赔标准，−5 ℃与年极端最低气温之间的差值作为湖南柑橘气象指数保险的赔付依据，每差1 ℃，赔付额便增加30元，每亩柑橘冻害指数最高赔偿限额为400元。具体计算公式是：

$$每亩赔偿金额＝(−5(℃)−该年极端最低气温)×30(元/℃) \quad (9.8)$$

第二，自6月1日开始，至6月30日止的月均降雨量低于203 mm时，按照203 mm与此时期月均降雨量之差计算每亩赔偿金额，每差1 mm赔偿2元，每亩最高赔偿200元。具体计算公式是：

$$每亩赔偿金额＝(203(mm)−6月月均降雨量)×2(元/mm) \quad (9.9)$$

第三，自7月1日开始，至7月31日止的月均降雨量低于160 mm时，按照160 mm与此时期月均降雨量之差计算每亩赔偿金额，每差1 mm赔偿2元，每亩最高赔偿200元。具体计算公式是：

$$每亩赔偿金额＝(160(mm)−7月月均降雨量)×2(元/mm) \quad (9.10)$$

第四，自7月1日开始，至7月31日止的日最高气温连续3 d以上达到或高于35 ℃时，按照此时期日最高气温达到或高于35 ℃的连续天数计算每亩赔偿金额，每增加1 d赔偿20元，每亩最高赔偿200元。具体计算公式是：

$$每亩赔偿金额＝(35 ℃及以上的日最高气温连续天数−3(d))×20(元/d) \quad (9.11)$$

第 10 章

柑橘气象服务手册

本章重点介绍针对柑橘生产不同阶段的农业气象服务，各节分别描述了与柑橘花芽分化期、现蕾—开花期、夏梢抽生期、果实膨大期、果实着色—采收期的有利气象条件、不利气象条件和农事建议等。同时，还针对柑橘主要病虫害及其防治措施进行阐述。本章大部分内容主要以柑橘中的脐橙为例进行描述。

10.1 相对休眠—花芽分化期

每年 12 月至翌年 1 月这段时间是最寒冷的时候，花芽分化处于生理分化阶段，主要是累积组建花芽的营养物质、激素调节物质、遗传物质等，为形态分化奠定物质基础。这期间主要是进行整形修剪、清园、土壤改良及灌排建设等工作。

10.1.1 有利气象条件

(1)果实采摘后晴雨相间天气，有利果园管理和提高土壤墒情。

(2)极端最低气温在−3 ℃以上，有利脐橙树安全越冬。

(3)透雨有利果树防冻。

10.1.2 不利气象条件

极端最低气温在−5 ℃以下的低温将造成脐橙树冻害。

干旱少雨加剧脐橙冻害。

冻雨影响脐橙生长。

10.1.3　农事建议

清园，清除溃疡病枝、叶。消灭越冬虫害。

注意防冻。

深翻熟化土壤，维修果园梯田修筑沟渠。

结合修剪，彻底剪除树冠上病、虫危害在严重的病虫枝和枯枝，清除田间杂草，清扫果园枯枝落叶，集中烧毁。

全园喷施一次 80～100 倍机油乳剂＋1000 倍克螨特混合液，杀灭越冬病、虫，降低病、虫越冬基数。喷药时应仔细，叶片正、反两面和枝干都应喷到。

用 15～20 kg 生石灰＋0.25 kg 食盐＋1 kg 石硫合剂＋50 kg 水混合配制涂白剂，进行主干涂白，防寒防冻。

酸性土壤脐橙园，按每亩 100～150 kg 标准，全园撒施生石灰，然后进行全园翻耕。翻耕时，树冠滴水线以内应浅些或不翻耕，滴水线以外的行间可适当深些。

关注天气预报，强冷降温到来之前，全园进行一次充分灌水。冻害经常发生的脐橙园，12 月中、下旬开始，用遮阳网覆盖树冠，防霜冻。

晴好天气适宜进行以上农事活动。

10.2　萌芽—现蕾—开花期

2 月份的气温波动比较大，当日平均气温趋于稳定在 12.8 ℃以上时，脐橙开始萌芽，俗称春芽萌发，到了 3 月份，就开始春梢抽发及现蕾，这时主要是控制春梢以及保花、壮花，而 4 月份春梢老熟，夏梢抽发，花开花谢并出现第一次生理落果现象。

10.2.1　有利气象条件

日平均气温稳定在 12.8 ℃以上时，脐橙开始萌发。

春梢和初花期最适宜气温为 13～23 ℃。

10.2.2　不利气象条件

持续低温不利脐橙萌发。

暴雨、冰雹、大风、高温等灾害性天气不利开花。

持续阴雨影响脐橙坐果率。

10.2.3 农事建议

2 月下旬每株树树盘撒施高氮、高钾类型复合肥，促进花芽分化和春梢萌发。树势旺、叶色浓的树可少施或不施，树势弱、叶色淡的应适当加施尿素。

春芽萌芽前，全园树冠喷施波尔多液（硫酸铜 ∶ 生石灰 ∶ 水＝1 ∶ 1 ∶ 100 或 0.5 ∶ 0.5 ∶ 100），进一步降低病菌特别是柑橘溃疡病的越冬基数。

现蕾后，树势强、春梢营养枝数量多的树，适当疏除部分强壮、直立、春梢营养枝抽生多的枝组，调节梢果矛盾，促进开花结果。树势较弱、花量大、春梢营养枝抽生少的树，可疏除部分无叶花序和 5 cm 以下细弱开花母枝，减少养分消耗，提高坐果率。

3 月下旬果园开始挂杀虫灯，20～30 亩一盏。为避免因树冠遮挡而影响杀虫灯的有效杀虫范围，杀虫灯的悬挂高度最少应超过树顶 50 cm。

3 月中、下旬果园开始挂黄板，诱杀蚜虫、粉虱等。每株树挂一块，为了不影响诱杀效果，黄板应挂在树冠中、上部外围，比较突出的枝条上。或者在树旁边立一根小竹竿，将黄板悬挂在小竹竿顶上。

春梢叶片转色期全园喷一次杀菌、杀虫剂，防治柑橘溃疡病、红蜘蛛、粉虱。若是杀柑橘粉虱成虫，在第一次用药后的 5～7 d，必须喷第二次。

柑橘蓟马为害严重的脐橙园，盛花期应喷一次杀虫剂，防治柑橘蓟马。

拔除树冠下、滴水线以内杂草，改善通风透光条件。

谢花期，轻摇树冠，摇落花瓣，避免花瓣附着在幼果上损伤幼果和影响幼果的光合作用，也可避免因花瓣腐烂而诱发幼果病害。

疏通果园沟渠，低洼果园雨天注意排水。

以上施肥措施可在晴天或阴天进行，其他农事活动宜在晴好天气开展。

10.3 落花落果—夏梢抽生

5 月、6 月正是脐橙夏梢抽生以及二次生理落果期。此时，夏梢猛长，落花并且出现第二次生理落果现象，这时候主要是控除夏梢，追施稳果、保果肥，保果护果。

10.3.1 不利气象条件

生理落果期高温低湿将导致脐橙异常落果。

干旱少雨影响脐橙果实膨大。

10.3.2 农事建议

树势弱、挂果多、叶色淡的树，及时追施一次稳果肥，每株撒施 0.15～0.25 kg 高氮、高钾类型复合肥。

有溃疡病为害的果园，及时抹除零星抽生的夏梢；没有溃疡病为害的脐橙园，结果量比较适中的树，夏梢抽生数量少，可以不抹或者留 2～3 叶摘心。

谢花后 7～10 d 喷一次农用链霉素或单独使用铜制剂防治溃疡病为害幼果。

关注“五一”节前后天气变化，如出现连续 2 d 以上“干热风”天气（气温 30 ℃以上，强南风），应及时选用“BA＋GA”等植物生长调节剂保果。

结合放夏梢，每株撒施 0.15～0.25 kg 高氮、高钾类型复合肥，攻梢和壮果。结合施肥，拔除树冠滴水线以内和割除行间杂草，进行树盘覆盖，保墒抗旱。但应注意杂草的覆盖厚度应在 10 cm 以上，树干基部周围应保留 10 cm 左右空隙，避免因杂草腐烂而诱发树干病害。

经常检查树冠背阴面果实、叶片，若发现柑橘锈壁虱为害，及时喷药防治。剪除黑蚱蝉为害的枝条，带出果园集中烧毁。

及时修复被雨水冲塌的灌溉沟渠等设施，低洼果园注意开沟排水。

以上施肥措施可在晴天或阴天进行，其他农事活动宜在晴好天气开展。

10.4 果实膨大期

7—9 月是脐橙的果实膨大期，这段时间光照最强、温度最高，而脐橙主要是秋梢抽生和果实生长的膨大期，这段时期需要追施壮果、壮梢肥。

10.4.1 有利气象条件

日平均气温 20～25 ℃，平均相对湿度 70%以上有利果实生长。雨水分布均匀有利脐橙果实膨大。

10.4.2 不利气象条件

高温、干旱少雨影响脐橙果实膨大。强日照条件下，容易产生日灼果。

10.4.3 农事建议

需人工灌溉的果园建议采用非充分灌水方法抗旱：沿树冠滴水线挖 3～4 个直径 30 cm、深 30 cm 左右的小坑，坑内放杂草，将水注满小坑即可。

树冠上部外围向阳面果实，可采取涂抹石灰水、贴白纸或者套袋等方法，防止果实日灼。检修灌溉设施，并注意雨天引水入塘、池蓄水，为抗旱做好充分准备。

根据天气变化，8 月上、中旬可以让脐橙树自然抽生一次秋梢。当秋梢长 1.0～1.5 cm长时喷药防治柑橘潜叶蛾、溃疡病、红蜘蛛，兼防柑橘炭疽病，7 d 后喷第二次。

结合喷药进行 1～2 次的叶面施肥，以促进秋梢生长和果实膨大。

9 月中、下旬全园喷一次除草剂，以增加果园地面反射光，促进果实着色。

丰产果园立柱固枝，防止因树冠负载过重而压断枝条。

晴好天气适宜进行以上农事活动。

10.5 果实着色—采收期

果实着色—采收期。10 月开始，脐橙果实继续膨大并开始着色，进入 11 月立冬后，慢慢长成黄澄澄的脐橙了，自 2 月底春芽萌发至果实成熟经历了 300 d 左右的生长成熟期，一般 11 月—12 月上旬根据成熟度情况就可以分批采摘了。

10.5.1 有利气象条件

日照充足，昼夜温差大，脐橙品质好。气温在 13 ℃左右有利果实着色。

10.5.2 不利气象条件

高温、少光照不利脐橙着色。连阴雨，不利脐橙采收。

10.5.3 农事建议

套袋栽培的脐橙园，10 月中、下旬应摘除果袋，促进果实着色。

脐橙园应适当控制灌水，降低土壤含水量，促进果实品质的提高。

根据柑橘红蜘蛛、炭疽病等病虫害的发生情况，适时喷药防治，药剂可选用机油乳剂、阿维菌素、代森锰锌。

修理及准备采果工具，做好采收前的准备工作。

先采树冠下部和外围果实，后采树冠上部和内膛果实，禁止强拉硬扯。

雾天及露水未干时不能采摘；雨后或抗旱灌水后 1 周才能采果；采摘下来的果实不得露天堆放过夜。采果后应当进行一次全园的充分灌水。晴好天气适宜进行以上农事活动。

10.6 柑橘主要气象灾害防御

10.6.1 低温冻害

(1)发生条件及危害

柑橘冻害主要是由辐射降温引起的，冻害的轻重与橘园的地形及海拔高度相关，海拔越高、地形坡度越小则冻害风险越大，其中谷地及低洼地带的果园冻害最严重，这是由于地势平坦，辐射降温时易形成“冷湖效应”而加剧冻害。

低温强度直接影响着冻害的轻重，根据江西省地方标准《赣南脐橙冻害预警等级》(DB36/T 860—2015)(江西省气象局，2015)规定，脐橙冻害气象等级分为：果实冻害、轻度冻害、中度冻害、重度冻害。各等级具体的冻害症状如下：

果实冻害：留树鲜果受冻，商品价值下降。

轻度冻害：留树鲜果受冻，叶片冻伤或脱落，个别 1～2 a 枝有冻斑，基本不影响产量。

中度冻害：留树鲜果受冻，秋稍受伤，2 a 或多年生枝梢受害，减产约 20%。

重度冻害：留树鲜果受冻，多年生枝段受害，枝梢大部分死亡，只保留主干、主枝、副主枝等骨干枝，减产 30%以上。

(2)冻前防御措施

覆盖：用稻草、秸秆、杂草等覆盖果树，幼树用搭棚或用稻草遮盖，均有防冻作用。

树干涂白：在 12 月上旬霜冻来临前，用生石灰 10.0 kg、硫黄粉 1.0 kg、食盐 0.2 kg，加水 30.0～40.0 kg 搅拌均匀，调成糊状，涂刷外露根茎和主干，可减轻冻害，保护主干免受冻害，又可兼防病虫害。

薰烟：在降温之前，将柴草、稻壳、锯末等堆沤烧制烟雾，使烟雾覆盖全园，提高果园温度。根据赣南气温日变化规律，如出现辐射降温时，全天最低气温通常出现在凌晨5—8时，因此，低洼地带的脐橙园，可于凌晨4时开始熏烟造云，阻挡辐射降温，以提高果园气温，从而达到防冻的目的。

冻前灌水：气候干燥，前期降水偏少时，于冻前3～7 d采用浇灌和沟灌等方式灌足封冻水，大树150 kg左右，小树50 kg左右。当冻害来临时采用喷灌的方法，提高果园湿度，以减缓辐射降温。

营造防风林：防风林既可改善生态环境调节小气候，又可阻挡冷空气入侵，防冻效果较好。

增强树势：结果树及时施用过冬保暖肥，以有机肥、生物肥为主，注重钾肥和钙镁磷肥的使用，增强树势，提高橙树抗逆能力。

及时采果：在霜冻来临前尽早采果；不能及时销售的，要在贮藏库存放，不能露天存放；未及时摘果的，冻害来临前必须摘完。

扫除积雪：雪后及时摇雪、除雪，防止压坏树枝，冻伤叶片。

(3)冻后护理

冻后尽早剪除枯枝干叶，及时追肥，受冻轻的树及时摘除枯叶，减少树体水分消耗，防止冻害加剧。受冻树体枝叶受损，根系活动相应减弱，应加强中耕松土、排水工作，保持土壤通气良好，勤施薄施速效肥促进树势的恢复。

注重修剪方法：受冻树体应待新芽萌发、死活分晓后再行修剪。根据不同冻害程度区别对待，轻微受冻树少疏多留、轻剪保叶；中度受冻时，剪除冻死枯枝，夏季修剪时选择调整骨干枝，疏去过多徒长枝；重冻树截去树冠冻死部分，促发萌蘖，逐步疏除拥挤蘖芽，选留健枝，重新形成树冠。

疏花护树：冻后树多为畸形劣质花，且花量往往较大，坐果率低。为尽快恢复树势，一般重冻树不留花，中冻树少留花，轻冻树疏去畸形、劣质花，适量结果。

10.6.2 高温低湿

(1)发生的条件及危害

若空气湿度低，果实的蒸腾作用就过大，树体中的水分运输处于胁迫状态，刺激离层产生而导致大量生理落果。高温、低湿天气还使脐橙幼果与叶片之间的水分争夺加剧，导致幼果失水而脱落，因此脐橙在生理落果期遇上高温低湿天气容易造成异常落果。

(2)防御措施

改善果园生态环境条件：针对地形特点，应通过山顶戴帽绿化、果园主干道种植高大绿化树种、支道种植防护篱等，营造适合山区的防护林系统，改变自然生态结构，既有利于生态系统的平衡和自然生态的协调，还可降低风速、减少水分蒸发、提高空气湿度、改善土壤水分状况，有效调节气温，也有利脐橙园病虫害综合治理。此外，果园实施生草栽培技术也有利于涵养水分，增加果园空气湿度，减少蒸发，从而提高坐果率。

密切关注天气预报，及时采取应急措施：山区气候多变，广大果农应密切关注当地天气预报，当预计有灾害性天气出现时，及时采取相应的应急措施，使灾害降至最低水平。可在中午前后进行树冠喷水，以降温增湿。控制新梢，对徒长性春梢适当疏剪，以避免新梢与幼果争夺水分；并及时清除病枝、病果树冠喷雾。选用果树营养液进行树冠喷洒，也可适当添加硼砂等补充微量元素或植物生长调节剂进行保果。

10.6.3 高温日灼

(1)发生的条件及危害

发生时段：7—8 月。

危害：长时间高温可导致部分果实出现日灼现象，树叶枯萎甚至严重失水变黄褐色或烤焦状。

(2)防御措施

果实防日灼：通过果实套袋或对阳光直射果实的向阳面贴耐雨水淋洗的白纸，直接保护果实。在高温干旱时期尽量避免中午时段喷农药，特别忌喷石硫合剂、机油乳剂等农药，以免灼伤果皮。

合理整形修剪：剪除没有老熟的新梢和过多的枝叶，同时剪除灼伤的叶片和日灼严重的果实，减少水分蒸发和蒸腾。

10.6.4 果实膨大期干旱

(1)发生的条件及危害

发生时段：7—10 月。

指标：连续 20 d 累计降雨量≤10 mm，且日雨量≤5 mm，属轻度。连续 30 d 累计降雨量≤25 mm，且日雨量≤10 mm，属重度。

危害：果园如不及时采取抗旱应急补救措施，就会影响当年果树产量和果实品质，甚至造成落叶、落果等情况。

(2)防御措施

树冠遮阳或喷施抑蒸剂，有条件的可在橘园或橘树上方搭盖遮阳网直接降温，树冠离遮阳网的空间距离不低于 50 cm。在干旱时期，可使用生长抑制剂、抗旱剂降低果树树体水分蒸腾量。

及时灌溉。树势偏弱、结果量较多的树，可结合灌水，加施水肥。需人工灌溉的果园建议采用非充分灌水方法抗旱：沿树冠滴水线挖 3～4 个直径 30 cm、深 30 cm 左右的小坑，坑内放杂草，将水注满小坑即可。

地面覆盖。一是树蔸培土,对树蔸周围进行培土,特别是根系外露的树盘进行培土保湿,土层厚度 10 cm 左右。二是树盘覆盖,用绿肥、杂草、树叶、稻草等对树盘进行覆盖,降低树盘太阳直射,降温保湿,覆盖厚度 10～20 cm,上面盖土,以防火和促进腐烂。

10.7 柑橘主要病虫害及其防治措施

10.7.1 炭疽病

(1)发生条件及危害特点

脐橙在整个生长季节均可被侵染发病,一般以夏秋高温多雨季节最易发病,如果降雨次数多,持续时间长,则将造成病害流行成灾。炭疽病可引起落叶、枝梢枯死,果实腐烂及落果(图 10.1)。带病果实常在贮运期间发生腐烂,所以又是一种重要的采后病害。

(2)防治措施

增强树势。增施有机肥料,做好橘园排水、抗旱、防冻工作,促进树体健康生长,培育强壮树势,这是防治炭疽病的根本途径。以有机肥料为主,避免偏施氮肥,适当增施磷、钾肥;夏剪时短截徒长枝和落花落果枝,结合抹芽控梢,使每个剪口能抽发2～3 个健壮的早秋梢。

图 10.1 柑桔炭疽病

做好清园工作。结合修剪、剪除病枝、枯枝和病果梗,拾尽落叶落果,集中烧毁。

药剂防治。在春、夏、秋梢嫩叶期,特别是在幼果期和 8—9 月果实成长期,每隔 15～20 d,各喷药 1～2 次。

10.7.2 花蕾蛆

(1)发生条件及危害特点

1 a 生 1 代,少数 2 代,以末龄幼虫在土中越冬。在树冠周围 30 cm 内外、6 cm 土层内虫口密度最大。3 月越冬幼虫脱茧上移至表层,重新作茧化蛹,3—4 月羽化出土,雨后最盛。花蕾露白时成虫大量出现并产卵于花蕾内,散产或数粒排列成堆

（图 10.2）。阴雨天有利于成虫出土和幼虫入土，阴湿低洼园地、背阴山地和荫蔽果园、砂土、壤土有利于花蕾蛆发生。

图 10.2 花蕾蛆

(2)防治措施

冬耕灭蛹，冬季翻耕土壤，可增加蛹的机械伤亡，降低土壤湿度，破坏其越冬环境，利于低温杀死越冬幼虫，或因被翻至地面，被鸟类等天敌啄食而消灭。

化学防治，抓住成虫出土的关键时期进行地面喷药。在花蕾直径 2～3 mm 时，用药喷洒地面，7～10 d 1 次，连续 1～2 次。

10.7.3 潜叶蛾

(1)发生条件及危害特点

平均气温达 20 ℃左右时开始潜叶蛾危害新梢嫩叶，6 月初虫口迅速增加，7—8 月危害最强烈。高温多雨时发生多，危害重。幼虫钻入叶片表皮之下取食叶肉组织，造成蜿蜒的虫道，并在中间留下粪线（图 10.3），造成被害叶片光合效率低，易于脱落，并且有可能诱发溃疡病和螨类等病虫害的侵入危害。

图 10.3 潜叶蛾

(2)防治措施

化学防治。在放梢期当大部分夏梢或秋梢初萌芽为 0.5～1.0 cm 长时应立即喷药防治,每 5～7 d 喷药 1 次,连喷 2～3 次。

物理防治。根据潜叶蛾夜晚活动、具有趋光的特性,可挂诱虫灯进行诱杀。

10.7.4 柑橘木虱

(1)发生条件及危害特点

木虱最大的危害是传播黄龙病病菌,木虱 1 a 发生 8 代,3—4 月份成虫开始产卵于嫩芽上(图 10.4),6—8 月木虱繁殖量大,危害最重,9—10 月以后逐渐下降。当气温在 8 ℃以下,木虱停止活动,15 ℃即能产卵。

图 10.4 柑橘木虱

(2)防治措施

营造防护林带。创造不利于木虱繁殖与扩散的环境条件。在没有条件营造防护林带的园圃,至少在园边和行间间种高秆绿肥,以阻碍木虱的迁飞和传播,可收抑虫防病之效。

做好冬季清园。采果后至春季发芽前,结合肥水管理和病虫害的防治,达到破坏病虫越冬的场所,降低越冬虫源基数。及时剪除病虫枝、枯枝、荫蔽枝、徒长枝,清除园内落叶、残果,并集中深埋;采果后追肥 1 次;干旱地区,应适当灌水,有利根系生长,增强树势,保叶过冬;冬季气温低,越冬的木虱成虫活动能力差,可通过喷药防治。喷药时应全树喷均匀,有利消灭越冬栖息的成虫、幼虫和虫卵。

释放柑橘木虱天敌。亮腹釉小蜂是柑橘木虱的专性寄生蜂,它不仅能寄生柑橘木虱各龄若虫,雌成虫还可以取食低龄的柑橘木虱若虫。多种瓢虫(红基盘瓢虫、六斑月瓢虫、双带盘瓢虫等)、草蛉等是柑橘木虱的捕食性天敌,这些昆虫均能捕食柑橘木虱。

10.7.5 溃疡病

(1)发生条件及危害特点

病原属于细菌,温度在 15 ℃以上即可发病,但以 20～36 ℃较为适宜,25～30 ℃最为适宜。脐橙嫩梢和幼果幼嫩组织只有在高温多雨或有雾的情况下才能受侵染。雨水是病菌传播的主要媒介。该病危害柑橘叶片、枝梢和果实(图 10.5)。苗木和幼树受害特别严重会造成落叶、枯梢,影响树势;果实受害重者落果,轻者带有病疤不耐贮藏,发生腐烂。

图 10.5 溃疡病

(2)防治措施

化学药剂防治。在各次嫩梢萌发后 20 d 和 30 d 各喷洒一次药,注意交替轮换喷药,并以预防为主,提前喷药。

减少果实和叶片损伤。可采用营造防风林,以降低果园风速,减少枝梢风伤伤口;及时防治潜叶蛾等害虫,减少枝梢虫伤伤口。

加强管理。增施有机肥,增强柑橘树势,提高树体抗病能力。

彻底清园。结合冬季清园剪除病枝、病叶、病果并清除出园,减少果园病源基数。

10.7.6 锈壁虱

(1)发生条件及危害特点

当日平均气温低于 10 ℃时锈壁虱便停止活动,15 ℃时开始产卵。高温少雨天气,锈壁虱危害加重,高温高湿不利于其生存。锈壁虱主要危害叶片和果实,以果实危害较严重,以口针刺入柑橘组织内吸食汁液,使被害叶、果的油胞破裂,溢出芳香油,经空气氧化后,使果皮或叶片变成黑褐色或锈褐色(图 10.6)。危害严重时,常引起落叶和黑皮果,导致树势衰弱。

图 10.6 受锈壁虱危害的果实和叶片

(2)防治措施

增强树势。加强树体的肥水管理,注重补充有机质,果树生长健壮,抗病虫力增强。地上适当养草或覆盖稻草等遮挡物,以增加果园湿度,减少锈壁虱的发生。高温干旱季节应及时灌水抗旱。

保护锈壁虱天敌。在锈壁虱盛发时,应避免使用铜类杀菌剂,以保护多毛菌。如遇天旱,要及时灌水,使园内环境湿润,有利于多毛菌的生长发育。

化学药剂防治。在5—7月,特别是在5月下旬—6月中旬间,应每5~7 d检查果实和叶片上的锈壁虱发生数量,在每视野平均有虫2~3头、又无天敌的情况下,或当5%左右的叶片和果实有锈壁虱时,或园中已出现灰色的被害果时,应立即喷药防治。

10.7.7 柑橘红蜘蛛

(1)发生条件及危害特点

红蜘蛛全年均能发生,主要以成螨、若螨虫态刺吸植物的叶、嫩枝、果实中汁液,被害的叶子、果实表面呈现无数灰白色小斑点(图10.7),容易折断和脱落,造成产量和品质下降。12 ℃时虫口开始增加,20 ℃盛发,20~30 ℃和空气相对湿度60%~70%为红蜘蛛发育和繁殖最适时期,如遇干旱则危害加重。

(2)防治措施

加强栽培管理,做好清园工作。合理施肥,及时排灌,增强树势,提高树体抗逆性。结合冬季清园,剪除病虫枯枝,减少越冬虫源。采果后至翌年果树萌芽开花前是防治越冬害螨的有利时机可选择药剂对树冠喷雾,大量杀伤越冬害螨,减轻来年防治压力。

利用天敌有效防治虫害。柑橘红蜘蛛的天敌很多，如钝绥螨、长须螨、食螨瓢虫、六点蓟马等，若能加以保护和利用，就能有效地控制柑橘红蜘蛛的发生，例如采用繁殖、保护和利用钝绥螨（一种捕食螨）的方法防治柑桔红蜘蛛。

图 10.7　柑橘红蜘蛛

合理用药。当春季虫口密度每叶 3 头，夏秋季每叶 3～5 头时即应采取防治措施。施药时注意轮换交替用药，一种药剂每年连续使用最多不超过 2 次，以避免延缓抗药性的产生。

第 11 章

柑橘气象服务周年方案

11.1 柑橘气象服务周年方案

柑橘总体服务周年方案如表 11.1 所示。

表 11.1 柑橘总体气象服务周年方案

月份	生育期	气象灾害	果园主要农事与建议	服务要点
1 月	花芽分化	低温冻害	防冻、修剪、清园、改良土壤、园地基础设施维护。建议：树干刷白，关注天气预报注意防冻	1. 制作柑橘农用天气预报，提出对应的管理措施 2. 根据中长期天气预报，提出相应的防寒防冻措施 3. 编发农业气象灾害（冻害）警报或预警 4. 做好柑橘防冻气象服务
2 月	花芽分化后期	低温冻害	防冻、修剪、清园、防病虫害、春植、春剪、松土施肥。建议：关注天气预报注意防冻	1. 制作柑橘农用天气预报，提出对应的管理措施 2. 编发农业气象灾害（冻害）警报或预警 3. 做好柑橘防冻气象服务
3 月	春梢生长、现蕾、开花	冻害、连阴雨、暴雨、大风	控梢疏蕾、防虫防病、除草施肥。建议：关注天气预报，注意防病防虫、防气象灾害	1. 制作柑橘农用天气预报，提出对应的管理措施 2. 根据柑橘植保信息，开展柑橘气象服务 3. 编发农业气象灾害（冻害等）警报或预警

续表

月份	生育期	气象灾害	果园主要农事与建议	服务要点
4月	开花、第一次生理落果	连阴雨、高温低湿、暴雨、大风	保花保果、疏花疏果疏梢、防虫防病、排水防渍。建议：关注天气预报，注意防病防虫、防气象灾害	1. 制作柑橘农用天气预报，提出对应的管理措施 2. 根据柑橘植保信息，开展柑橘气象服务 3. 编发农业气象灾害（高温低湿等）警报或预警
5月	夏梢生长、第二次生理落果	高温低湿、干热风、暴雨、大风	施肥保果、果园防渍、疏果、抹夏梢、防病虫。建议：关注天气预报，注意防病虫、防气象灾害	1. 制作柑橘农用天气预报，提出对应的管理措施 2. 根据柑橘植保信息，开展柑橘气象服务 3. 编发农业气象灾害（高温低湿等）警报或预警
6月	夏梢生长、果实膨大	暴雨、大风、干旱	抹梢控梢、中耕除草、树盘覆盖保墒抗旱、防病治虫、排水防渍、果实套袋。建议：关注天气预报，注意防病防虫、防气象灾害	1. 制作柑橘农用天气预报，提出对应的管理措施 2. 根据柑橘植保信息，开展柑橘气象服务 3. 编发农业气象灾害（暴雨大风等）警报或预警
7月	果实膨大	高温干旱、强日照	早施壮果促秋梢肥、树盘覆盖、保墒抗旱、果实套袋、防病防虫。建议：防高温、防裂果、防日灼。关注天气预报，注意防病防虫	1. 制作柑橘农用天气预报，提出对应的管理措施 2. 根据柑橘植保信息，开展柑橘气象服务 3. 编发农业气象灾害（日灼、高温干旱等）警报或预警 4. 开展柑橘干旱期专题服务
8月	果实膨大、秋梢生长	高温干旱、强日照	抗旱防裂果、早放秋梢、防治病虫害。建议：防高温、防裂果、防日灼。关注天气预报，注意防病防虫。	1. 制作柑橘农用天气预报，提出对应的管理措施 2. 根据柑橘植保信息，开展柑橘气象服务 3. 编发农业气象灾害（日灼、高温干旱等）警报或预警 4. 开展柑橘干旱期专题服务

续表

月份	生育期	气象灾害	果园主要农事与建议	服务要点
9月	果实膨大、秋梢生长、果实着色	高温干旱、强日照	抗旱保梢、撑树保果、防病防虫、防裂果。建议：关注天气预报，注意防病防虫、防气象灾害	1. 制作柑橘农用天气预报，提出对应的管理措施 2. 根据柑橘植保信息，开展柑橘气象服务 3. 编发农业气象灾害（干旱等）警报或预警 4. 开展柑橘干旱期专题服务 5. 开展柑橘采摘期气象预测
10月	果实着色成熟、果实采收	干旱、连阴雨、无日照	早施基肥、适时采收、采前打药防病虫。建议：关注天气预报，注意防病防虫、防气象灾害，适时采收	1. 制作柑橘农用天气预报，提出对应的管理措施 2. 根据柑橘植保信息，开展柑橘气象服务 3. 编发农业气象灾害（干旱、阴雨寡照等）警报或预警 4. 发布柑橘产量趋势气象预测 5. 开展柑橘采摘期专题服务
11月	采果、花芽分化	连阴雨、无日照	施足采后恢复肥、果品保鲜、采后清园、修剪、打药。建议：关注天气预报，适时采收，注意防灾	1. 制作柑橘农用天气预报，提出对应的管理措施 2. 编发农业气象灾害（干旱、阴雨寡照等）警报或预警 3. 开展柑橘采摘期专题服务
12月	花芽分化	连阴雨、无日照	冬季清园工作、剪除病枝、老枝和弱枝、深翻果园、铲除杂草，覆盖保墒防冻、做好防冻准备，保证安全越冬。建议：关注天气预报，注意防冻害	1. 制作柑橘农用天气预报，提出对应的管理措施 2. 编发农业气象灾害（冻害等）警报或预警 3. 开展柑橘采摘期专题服务 4. 做好柑橘防冻气象服务

11.2　脐橙气象服务周年方案

脐橙气象服务周年方案如表11.2所示。

表11.2　脐橙气象服务周年方案

时间	月份		1			2			3			4			5			6		
	旬		上	中	下	上	中	下	上	中	下	上	中	下	上	中	下	上	中	下
	节气		小寒		大寒	立春		雨水	惊蛰		春分	清明		谷雨	立夏		小满	芒种		夏至
生育期	结果树		花芽分化期			春芽萌发期			抽春梢、现蕾期			开花、第一次生理落果期			夏梢萌发、第二次生理落果			夏梢期、第二次生理落果终止		
	幼龄树		相对休眠期			春梢萌动			抽春梢			春梢老熟期			夏梢萌发期			夏梢期		
主要气象条件	有利气象条件		极端最低气温在−3 ℃以上，有利脐橙安全越冬						日平均气温稳定在12.8 ℃以上时，脐橙开始萌发。春梢和初花期最适宜气温为13.0～23.0 ℃											
	不利气象条件		气温低于−5 ℃时，脐橙轻度受冻，气温低于−7 ℃时，脐橙重度受冻						暴雨、冰雹、大风、高温、持续阴雨等天气不利开花						1. 干旱少雨影响脐橙果实膨大 2. 生理落果期高温干旱将导致脐橙大量落果					
栽培技术要点	主攻目标	结果树	清园、促花			促花、促梢、春剪			壮花			保花保果			保果控梢			保果、控夏梢		
		幼龄树	扩穴施肥			催芽、促梢			壮梢			壮梢			促梢			促梢		

续表

时间	月份		1			2			3			4			5			6		
	旬		上	中	下	上	中	下	上	中	下	上	中	下	上	中	下	上	中	下
	节气		小寒		大寒	立春		雨水	惊蛰		春分	清明		谷雨	立夏		小满	芒种		夏至
栽培技术要点	农事管理工作要点	结果树	1. 继续清园，清除溃疡病枝、叶。消灭越冬虫害 2. 注意防冻 3. 深翻熟化土壤，维修果园梯田修筑沟渠			1. 早施催芽肥 2. 早春修剪。剪短外围延长枝，疏剪弱枝、交叉枝、重叠枝和下垂枝，达到疏蕾、疏花、复壮枝粗和内膛通风透光的目的，郁闭果园则“开天窗”，即除去部分树冠中心大枝、交叉枝。衰老树以回缩衰退枝序为主 3. 根外追肥、提高花质 4. 防治花蕾蛆			1. 控制春梢、适当抹新梢，使老叶与新叶接近 1∶1.5 2. 对显蕾过多的树再次疏剪无叶花枝和过多的成花母枝，以减少花蕾、幼果消耗树体养分 3. 春梢停止生长后，喷 0.3%的尿素+0.2%的磷酸二氢钾混合液一次或喷新型叶面全营养肥叶霸、绿丰素一次 4. 春分前修剪全部完成 5. 喷药防治病虫			1. 继续适量疏除过多的成花母枝，无叶花序枝，对少花多春梢的树则疏除部分春梢营养枝 2. 注重花期保花保果。谢花三分之二时喷细胞激动素一次，或用增效液化“BA+CA”喷果。同时喷施叶面肥，增加树体营养 3. 防治病虫			1. 施稳果肥，每株施复合肥 0.25～0.50 kg 以磷、钾肥为主，避免氮肥过量 2. 继续疏去多花多果树上的发育不良畸形果、小果、病果；成束的果枝序，每束保留壮果 2～3 个，其余疏去 3. 谢花后 7～10 d喷（涂）激素液肥，全面保果，用增效液化“BA+CA”喷果或涂果 4. 抹除夏梢，夏梢萌芽 3～10 cm 时用时抹除，以利保果 5. 防治病虫			1. 看树继续保果，排除积水，重点在月初涂抑黄剂防脐黄 2. 继续抹除夏梢 3. 成年盛果树短截落花果枝和衰退枝。郁闭果园“开天窗”修剪，衰老树可提早回缩更新大枝 4. 铲草、松土、搞好树盘覆盖 5. 防治病虫 6. 下旬开始果实套袋		

续表

时间			1	2	3	4	5	6
	月份		1	2	3	4	5	6
	旬		上 / 中 / 下	上 / 中 / 下	上 / 中 / 下	上 / 中 / 下	上 / 中 / 下	上 / 中 / 下
	节气		小寒 / 大寒	立春 / 雨水	惊蛰 / 春分	清明 / 谷雨	立夏 / 小满	芒种 / 夏至
栽培技术要点	农事管理工作要点	幼龄树	1. 注意防冻 2. 继续扩穴施肥、除草、松土、清园 3. 管理好冬季绿肥	1. 上旬施催芽肥、株施尿素0.1 kg 2. 幼树定干、整形，过长夏梢留6～8叶摘心或短截；过旺树疏去重叠枝、过密枝、短截徒长枝；小老树在春芽萌发前短截，摘除花蕾，促发春梢 3. 松土除草、注意排水 4. 管理好冬季绿肥	1. 继续整枝修剪，摘除花蕾 2. 开沟施肥、埋绿肥、壮春梢 3. 松土、除草、夏季绿肥播种 4. 防虫、防病 5. 新栽树施稀薄液肥1～2次	1. 施追肥1～2次壮春梢 2. 摘除花蕾、幼果 3. 松土、除草、树盘覆盖 4. 完成夏季绿肥播种，冬季绿肥收割压青 5. 防治病虫	1. 夏梢发生时，抹除1～2次，放夏梢，结合整形，利用夏梢扩大树冠，长梢留8～10叶摘心。对下年结果树中旬第一次夏剪，剪短外围老熟春梢 2. 中耕除草、追肥、攻夏梢 3. 防治病虫	1. 继续利用夏梢扩大树冠，调整树形。夏梢20 cm时摘心促成熟 2. 3 a生树攻秋梢；施重肥，夏季绿肥压青 3. 树盘覆盖、松土、除草 4. 防治病虫
病虫防治	主要病虫		溃疡病、螨类、蚧类、蚜虫	螨类、蚧类、溃疡病、炭疽病、蚜虫、花蕾蛆	花蕾蛆、螨类、炭疽病、蚜虫、金龟子、象鼻虫	螨类、溃疡病、炭疽病、蚜虫、天牛、卷叶蛾、恶性叶虫、潜叶甲	溃疡病、炭疽病、螨类、蚧类、卷叶蛾、潜叶蛾、天牛、粉虱	潜叶蛾、木虱、凤蝶、卷叶蛾、锈壁虱、蚧类、脚腐病、天牛

续表

时间		1	2	3	4	5	6
	月份	1	2	3	4	5	6
	旬	上 中 下	上 中 下	上 中 下	上 中 下	上 中 下	上 中 下
	节气	小寒 大寒	立春 雨水	惊蛰 春分	清明 谷雨	立夏 小满	芒种 夏至
病虫防治	适宜气象条件	蚜虫：繁殖的最适宜温度为 24～27 ℃。气温过高或过低，雨水过多，均不利于蚜虫生长和繁殖	炭疽病：脐橙在整个生长季节均可被侵染发病，一般以夏秋高温多雨季节最易发病，如果降雨次数多，持续时间长，则将造成病害流行成灾	花蕾蛆：阴雨天有利于成虫出土和幼虫入土，阴湿低洼园地、背阴山地和荫蔽果园、砂土、壤土有利于花蕾蛆发生	潜叶蛾：平均气温达 20 ℃左右时开始危害新梢嫩叶，6 月初虫口迅速增加，7—8 月危害最烈。高温多雨时发生多，危害重	矢尖蚧：当日平均气温 19 ℃以上时，越冬雌成虫开始孵化，日平均气温下降到 17 ℃时停止产卵 溃疡病：温度在 15 ℃以上即可发病，但以 20～36 ℃较为适宜，25～30 ℃最为适宜。脐橙幼嫩组织只有在高温多雨或有雾的情况下才能受侵染。雨水是病菌传播的主要媒介	脚腐病：一般幼树发病多，壮树发病少，老年衰弱树发病最重。6—7 月是赣南脚腐病发病高峰期，地势低洼、积水或地下水位高的果园发病较重
	防治措施	溃疡病的化学防治：在各次嫩梢萌发后 20 d 和 30 d，各喷洒一次药，药剂可选取用 53.8%的可杀得 2000 型 1000 倍液、20%的一铜天下 800～1000 倍液、10%溃枯宁 1000 倍液、农用链霉素 700 单位/ml 或新植霉素，注意交替轮换喷药，并以预防为主，提前喷药		花蕾蛆防治：抓住成虫出土的关键时期进行地面喷药。在花蕾直径 2～3 mm 时，用 50%的辛硫磷或 20%的甲基异柳磷 1000～2000 倍液，20%的中西杀灭菊酯 3000～4000 倍液，90%的敌百虫 800～1000 倍液，3%的甲基 1605 粉剂 22.5 kg/hm² 等喷洒地面，7～10 d 1 次，连续 1～2 次		炭疽病的喷药防治：在春、夏、秋梢嫩叶期，特别是在幼果期和 8—9 月果实成长期，每隔 15～20 d，各喷药 1～2 次。药剂可选择天津兴果 50%的退菌特或 50%的甲基托布津 500～700 倍、50%的多菌灵或 50%、70%、80%的河北双吉代森锰锌，47%的炭特灵 800～1000 倍，以及美国生产 80%的新万生 600～800 倍	
主要气象指标		1. 高温低湿（引起异常落花落果）：时段：4 月 15 日—5 月 31 日。指标：日均气温≥25 ℃，日最高气温≥30 ℃，14 时空气相对湿度<50%，风力 2～3 级 2. 高温引起日灼：时段：7 月 11 日—8 月 20 日。指标：日均气温≥30 ℃，日最高气温≥35 ℃，果面温度≥45 ℃					

续表

时间			7	8	9	10	11	12
旬			上 中 下	上 中 下	上 中 下	上 中 下	上 中 下	上 中 下
节气			小暑 大暑	立秋 处暑	白露 秋分	寒露 霜降	立冬 小雪	大雪 冬至
生育期	结果树		果实迅速膨大期	果实膨大、秋梢期	果实膨大、秋梢转绿期	果实着色期	果实采收、花芽分化	花芽分化
生育期	幼龄树		夏梢期	秋梢期	秋梢转绿期	秋梢老熟、抽晚秋梢期	抽冬梢	相对休眠期
主要气象条件	有利气象条件		水分供应充足，有利果实膨大			1. 日照充足，昼夜温差大，则品质好 2. 气温 13 ℃左右有利果实着色		极端最低气温在 −3 ℃以上，有利脐橙安全越冬
主要气象条件	不利气象条件		夏秋高温酷热和强烈阳光暴晒，使果实表面温度达到 40 ℃以上时，易出现日灼			连阴雨，少日照不利脐橙着色、成熟、采收		气温低于 −5 ℃时，轻度受冻，气温低于 −7 ℃时，重度受冻
栽培技术要点	主攻目标	结果树	壮果、控制晚夏梢	壮果、促秋梢	壮果、促梢	壮果提高品质	采收、促花芽分化	恢复树势、促花芽分化
栽培技术要点	主攻目标	幼龄树	壮梢	促秋梢	壮梢	壮梢	控制冬梢	保叶过冬
栽培技术要点	农事管理工作要点	结果树	1. 稳果后，早施足施壮果促秋梢肥。初结果树施腐熟饼肥 1.00～1.25 kg 或人畜粪尿 10～15 kg；株产 50 kg 以上成年树，每株施饼肥 4.00 kg 加硫酸钾0.4 kg	1. 月初抓紧阴雨良机及时放秋梢，等秋梢 8－10 片叶时摘心，抹除枝背上秋梢，疏除过多纵生秋芽或秋梢 2. 抗旱防裂果。上、中、下旬各灌浇肥水一次抗旱。没有套袋的果实，	1. 除草、覆盖，增强抗旱能力 2. 变冬肥秋施。中、下旬重施采前孕花肥，以含磷、钾量高的腐熟有机肥为主(如大豆饼、花生饼、猪牛和家禽粪尿水等)，配以适量速效性磷钾肥或复合肥	1. 继续施基肥 2. 叶面喷 0.2%的磷酸二氢钾补充营养，提高品质 3. 抓紧采前药封园防治病虫害和采前落果预防 4. 准备采收工具、早熟品种 10 月下旬分期采收	1. 采收、一果两剪 2. 速施采后恢复肥，每株粪水 1 担或复合肥 0.25 kg＋0.20 kg 尿素掺水浇施 3. 预贮保鲜 4. 采后清园、修剪、喷药消灭越冬病虫害	1. 搞好冬季清园、剪除病虫枝、枯枝喷药防治越冬病虫害 2. 深翻果园土壤(20 cm)铲除果园杂草 3. 树干刷白防冻。用生石灰 15～20 kg，食盐 0.25 kg，石硫合剂

续表

时间		月份	7	8	9	10	11	12
		旬	上 中 下	上 中 下	上 中 下	上 中 下	上 中 下	上 中 下
		节气	小暑 大暑	立秋 处暑	白露 秋分	寒露 霜降	立冬 小雪	大雪 冬至
栽培技术要点	农事管理工作要点	结果树	2. 夏季修剪，7 月 20 日前彻底抹除应抹除的夏梢，于月底促发秋梢，其中挂果量大的结果树可提前放发大暑梢 3. 铺草覆盖防旱防裂果 4. 上旬前完成果实套袋，防日灼，防病虫子	上、下旬用 2% 的生石灰，加 0.2% 的硼砂液对向阳果各喷一次以减少裂果和日灼。慎防久旱后重灌水或遇大雨，诱发大量裂果 3. 下旬喷叶面肥 1～2 次促秋梢转绿 4. 防治病虫	3. 丰产园支撑保果 4. 防治病虫			渣液 1 kg，加水 50 kg 配制刷白剂 4. 培土保墒
		幼龄树	1. 追施速效肥 1～2 次，壮夏梢 2. 第一次夏梢老熟后，对第二次夏梢抹 1～2 次再放 3. 施重肥，准备放秋梢 4. 树盘盖草，抗旱 5. 用可杀得防溃疡病	1. 放秋梢 7～10 d，追速效肥 1 次 2. 彻底抹除零星秋梢，统一放梢 3. 松土、除草、树盘覆盖、抗旱 4. 放秋梢期间，重点防治潜叶蛾 5. 喷叶面肥 1～2 次促秋梢转绿	1. 追肥 1～2 次壮秋梢 2. 抗旱保梢 3. 剪除晚秋梢 4. 喷叶面营养肥壮梢。 5. 月底播种肥田萝卜	1. 抹除晚秋梢 2. 扩穴施越冬肥，在滴水线下开环状沟或对称沟，重施有机肥；来年投产树要力争早结果 3. 及早完成冬季绿肥播种	1. 继续扩穴施肥 2. 加强秋梢的肥水管理 3. 剪除冬梢和病虫子枝 4. 加强冬季绿肥的管理	1. 扩穴施肥 2. 清园、剪除病虫枝、枯枝，喷药防治病虫害 3. 树干刷白防冻 4. 管好冬季绿肥

续表

时间		7	8	9	10	11	12
时间	月份	7	8	9	10	11	12
	旬	上 中 下	上 中 下	上 中 下	上 中 下	上 中 下	上 中 下
	节气	小暑 大暑	立秋 处暑	白露 秋分	寒露 霜降	立冬 小雪	大雪 冬至
病虫防治	主要病虫	木虱、潜叶蛾、螨类、蟑象、象鼻虫、溃疡病	溃疡病、锈壁虱、蚧类、潜叶蛾	潜叶蛾、螨类、溃疡病	蚜虫、红蜘蛛、锈壁虱	红蜘蛛	越冬病虫
	适宜气象条件	木虱：1年发生8代，3—4月成虫开始产卵于嫩芽上，6—8月木虱繁殖量大，危害最重，9—10月以后逐渐下降。当温度在8 ℃以下，木虱停止活动，15 ℃即能产卵	锈壁虱：当日平均气温低于10 ℃时便停止活动，15 ℃时开始产卵。高温少雨天气，使危害加重，高温高湿不利于其生存		红蜘蛛：12 ℃时虫口开始增加，20 ℃盛发，20～30 ℃和空气相对湿度60%～70%为红蜘蛛发育和繁殖最适时期，如遇干旱则危害加重		
	防治措施	木虱的药剂防治：可选24%的果蔬利1500～2000倍液，58%的丰霸2000～4000倍液，20%的海止采蛛1500～2000倍液，20%的杀灭菊酯或2.5%的溴氰菊酯3000倍液等	锈壁虱防治：选用1.8%的灭虫灵4000～5000倍液、20%的采蛛1500～2000倍液、65%的代森锌800倍液以及除尼索朗以外的防治红蜘蛛的药剂，使用浓度与防治红蜘蛛同	潜叶蛾的化学防治：在放梢期当大部分夏梢或秋梢初萌芽为0.5～1.0 cm长时应立即喷药防治，每5～7 d喷药1次，连喷2～3次。药剂可选1.8%的阿巴丁（灭虫灵）4000～5000倍液，58%的丰霸2000倍液，40%的风雷激1500～2000倍液，3%的金世纪1500～2000倍液或2.5%的溴氰菊酯或20%的杀灭菊酯2000～3000倍液，杀虫双300倍液等		①清洁橙园。②深翻园土。③涂封裂缝。④树干刷白防冻。⑤施肥培土。⑥刷除蚧类。⑦摘除虫蛹。冬季和早春气温较高及干旱少雨时在采果后，冬季气温较低时则在2月春芽萌动前，树冠选喷1～2波美度石硫合剂或机油乳剂50～100倍液，杀灭树上越冬的螨类，部分蚧类和其他病菌	
主要气象指标		1. 挂果后干旱： 时段：7月11日—10月31日。指标：连续20 d累计降雨量≤10 mm，且日雨量≤5 mm，属轻度。连续30 d累计降雨量≤25 mm，且日雨量≤10 mm，属重度 2. 越冬期冻害：轻度：日极端最低气温≤−5 ℃，或日降温幅度≥10 ℃，日极端最低气温≤−3 ℃；重度：日极端最低气温≤−7 ℃，或日降温幅度≥10 ℃，日极端最低气温≤−5 ℃					

11.3 温柑类柑橘气象服务周年方案

温柑类柑橘气象服务周年方案见表 11.3。

表 11.3 温柑类柑橘气象周年服务方案

<table>
<tr><th>月份</th><th colspan="2">物候期</th><th>要点</th><th>主要田间管理工作</th><th>主要气象服务</th></tr>
<tr><td rowspan="2">12 月—次年 1 月</td><td>结果树</td><td>花芽分化期</td><td>清园促花</td><td rowspan="2">1. 清园：剪除枯枝、病虫枝，清除落叶、残果及橘园周围杂草。喷布松碱合剂 8～10 倍或石硫合剂波美 0.8～1.0 度或 100 倍机油乳剂加 3000 倍有机磷农药。
2. 注意防冻
3. 深翻熟化土壤，维修果园梯田修筑沟渠
4. 幼年结果树整地、挖穴、或挖条沟，填埋基肥
5. 培土保墒，管理好冬季绿肥</td><td rowspan="2">1. 制作农业气象旬报，提出对应的管理措施
2. 根据中长期天气预报，提出相应的防寒防冻措施
3. 做好温柑类防寒防冻气象服务工作，当预计极端最低气温低于－5 ℃时应编发农业气象灾害警报
4. 根据中长期天气预报对全年温柑类生产年景进行评估</td></tr>
<tr><td>幼龄树</td><td>相对休眠期</td><td>扩穴施肥</td></tr>
<tr><td rowspan="2">2 月</td><td>结果树</td><td>花芽分化期</td><td rowspan="2">促花春剪施肥</td><td rowspan="2">1. 全园深翻 3～4 寸(1 寸＝3.33 cm)，把落叶，杂草翻埋土内
2. 上旬幼龄树施催芽肥、每株施尿素 0.1 kg
3. 开沟排水
4. 下旬定植、补蔸
5. 早春修剪(雨水后开始)</td><td rowspan="2">1. 制作农业气象旬报，提出对应的管理措施
2. 根据中长期天气预报，提出相应的防寒防冻措施
3. 当预计极端最低气温低于－5 ℃时应编发农业气象灾害警报
4. 与植保站联合，制作当年温柑类主要病虫害发生趋势分析</td></tr>
<tr><td>幼龄树</td><td>春梢萌动</td></tr>
</table>

续表

月份	物候期		要点	主要田间管理工作	主要气象服务
3—4月	结果树	春芽萌动期 抽春梢、现蕾	促梢壮花 保花保果	1. 扒开冬季培土，翻耕园地 2. 继续修剪 3. 翻埋冬季绿肥作物 4. 70%春芽发至1 cm时喷0.8%等量式波尔多液防治叶疮痂病。在50.00 kg药液中加0.10 kg硼砂、0.10 kg硫酸锌、0.15 kg尿素和0.10 kg磷酸二氢钾 5. 花蕾现白(4月中旬)防疮痂病，喷0.25 kg硫酸铜加0.15 kg硫酸锌加4 kg石灰和加50 kg水的锌铜波尔多液或600～700倍甲基托津、代森锰锌或500～700倍多菌灵等杀菌剂 6. 播种夏季绿肥 7. 新栽树施稀薄液肥1～2次	1. 制作气象旬(月)报温柑类发育期及芽开放至旬末积温表 2. 制作农业气象旬报，提出相应的管理措施 3. 根据植保站对温柑类病虫害的预测结论，开展服务 4. 当预计日均气温$\geqslant$25 ℃、日最高气温$\geqslant$30 ℃，14时空气相对湿度$<$50%，风力$>$2级时，及时发布农业气象灾害警报，提请果农注意防御
	幼龄树	抽春梢 春梢老熟	壮梢		
5月	结果树	第一次生理落果期	保果控梢	1. 继续清沟排水 2. 喷生长调节剂 3. 幼年结果树中耕除草、追肥 4. 4月底、5月初谢花2/3时，喷0.6%等量式波尔多液防治果实疮痂病 5. 谢花后再喷2～3次600～700倍甲基托布津、代林锰锌、多菌灵等杀菌剂或0.5%的波尔多液 6. 幼年结果树抹芽去零留整 7. 注意防治天牛、人工捕杀成虫、刮卵块，防治潜叶蛾，摘除过早萌发夏梢，50%夏芽萌发至2 cm时开始喷药，每隔5～7 d一次，连续2～3次	1. 制作农业气象旬报，提出对应的管理措施 2. 根据植保站对温柑类病虫害的预测结论，开展服务 3. 当预计日均气温$\geqslant$25 ℃、日最高气温$\geqslant$30 ℃，14时空气相对湿度$<$50%，风力$>$2级时，及时发布农业气象灾害警报，提请果农注意防御
	幼龄树	夏梢萌发期	促梢		

续表

月份	物候期		要点	主要田间管理工作	主要气象服务
6月	结果树	夏梢生长期 第二次生理落果终止	保果 控夏梢	1. 喷微肥、激素保果 2. 下旬翻埋夏季绿肥作物 3. 中旬以前继续防治疮痂病 4. 幼年结果树继续抹芽控梢保果 5. 注意防治锈壁虱等螨类害虫和潜叶蛾 6. 防治蚧壳虫:上中旬喷杀蚧类药 1～2 次	1. 制作农业气象旬报,提出对应的管理措施 2. 根据植保站对温柑类病虫害的预测结论,开展服务
	幼龄树	夏梢生长期	促梢		
7月	结果树	幼果稳定期 夏梢生长期	壮果 控晚夏梢	1. 翻压夏季绿肥作物、施壮果肥 2. 除草、松土、覆盖防旱 3. 抹夏梢、除萌芽 4. 继续注意防治锈壁虱等螨类害虫 5. 加强防治潜叶蛾,用 500 倍杀虫双或 1000 倍水胺硫磷等	1. 制作农业气象旬报,提出对应的管理措施 2. 根据植保站对温柑类病虫害的预测结论,开展服务 3. 当预计日均气温≥30 ℃,日最高气温≥35 ℃时及时发布高温日灼灾害警报 4. 做好温柑类高温干旱专题气象服务
	幼龄树	夏梢生长期	壮梢		
8月	结果树	果实膨大期 秋梢生长期	壮果 促秋梢	1. 继续抗旱、酌施壮果肥 2. 继续疏果 3. 继续注意防治锈壁虱等螨虫类害虫 4. 继续防治潜叶蛾 5. 继续防治蚧壳虫 6. 幼年结果树抹芽,去零留整	1. 制作农业气象旬报,提出对应的管理措施 2. 根据植保站对温柑类病虫害的预测结论,开展服务 3. 当预计日均气温≥30 ℃,日最高气温≥35 ℃时及时发布农业气象灾害警报 4. 做好温柑类高温干旱专题气象服务
	幼龄树	秋梢生长期	促秋梢		
9—10月	结果树	果实膨大、 秋梢转绿期 果实着色期	壮果 保质 壮梢	1. 扩穴,施肥,改土。播种冬季绿肥 2. 幼龄树抗旱灌水 3. 幼年结果树扩穴施肥 4. 抹除晚秋梢,以防冻害 5. 继续防治螨类,蚧壳虫、潜叶蛾等害虫	1. 制作农业气象旬报,提出对应的管理措施 2. 继续做好温柑类干旱专题气象服务 3. 制作温柑类产量趋势预测 4. 制作温柑类采收期天气预测,提出适宜采收期建议
	幼龄树	秋梢转绿、 老熟、抽晚秋梢期	壮梢		

续表

月份	物候期		要点	主要田间管理工作	主要气象服务
11 月	结果树	果实成熟 采收 花芽分化	采收 促花芽 分化	1. 扩穴，施肥，改土 2. 及时采收，做到精细采收，不损伤果皮 3. 采后灌水，促使树势恢复，以利防寒 4. 采果后喷一次 12 倍松碱合剂或波美 1 度的石硫合剂或 100 倍机油乳剂加 3000 倍有机磷农药，消灭越冬的锈壁虱，红蜘蛛，蚧壳早等害虫 5. 幼年结果树追施氮、磷、钾肥 6. 防寒：培土、涂白包扎树干、搭防寒棚。涂白剂可选用 10 kg 生石灰＋1 kg 石硫合剂＋40 kg 水＋0.2 kg 盐或生石灰 5 kg，硫磺粉 0.5 kg，食盐 0.1 kg，兽油 0.1 kg，水适量	1. 制作农业气象旬报，提出对应的管理措施 2. 制作温柑类冻害预报，提出相应的防寒防冻措施 3. 对当年温柑类全生育期天气气候进行评述
	幼龄树	冬梢抽发期	控制 冬梢		

11.4 柚类柑橘气象周年服务方案

柚类柑橘气象服务周年方案如表 11.4 所示。

表 11.4 柚类柑橘气象服务周年方案

<table>
<tr><th>月份</th><th colspan="2">物候期</th><th>要点</th><th>主要田间管理工作</th><th>主要气象服务</th></tr>
<tr><td rowspan="2">12 月—次年 2 月</td><td>结果树</td><td>花芽分化期</td><td>清园防冻</td><td rowspan="2">1. 清园及病虫害防治。在每年的霜降前后，应进行清园，先清除果树的枯枝病叶、杂草，集中深埋，然后剪去树内徒长枝和多余枝，最后全树用果园清 600 倍液或 0.5～1.0°Be 石硫合剂进行彻底清除果园内病虫害越冬的虫及卵或病原
2. 翻挖改土。入冬前结合深翻改土扩穴施足基肥，有利于杀死花蕾蛆、象鼻虫等越冬蛹及幼虫
3. 深施基肥。大龄树应在“小雪”前施足过冬肥，过冬肥以有机肥为主，并适当早施，以利根系吸收，增强树势。成年结果树每株施农家肥 50～100 kg，菜饼或生物复合肥 2.5～4.0 kg，幼年树每株施农家肥 50 kg、菜子饼 1.5 kg
4. 树干刷白。寒潮来临前对主干涂白，在树干外部形成一层保护膜，既能缩小昼夜温差，起到防冻作用，又能减少虫害。涂白剂配方是生石灰 6 份、石硫合剂 1 份、桐油 0.5 份、食盐 0.1 份、水 18 份调和而成。涂白剂均匀地刷在主干和主枝上，可防治裂皮，减轻病害等
5. 防冬春干旱。如遇到干旱，采果后及春梢萌发前可各灌 1 次透水，以防采后大量落叶
6. 防冬季低温冻害。可采用幼树套袋、根茎培土、果园熏烟等措施</td><td rowspan="2">1. 根据中长期天气预报，提出相应的防寒防冻措施
2. 做好柚类柑橘防寒防冻气象服务工作，当预计极端最低气温低于−3 ℃时应编发农业气象灾害警报</td></tr>
<tr><td>幼龄树</td><td>休眠越冬期</td><td>扩穴施肥</td></tr>
</table>

续表

月份	物候期		要点	主要田间管理工作	主要气象服务
3月	结果树	春梢萌发期 现蕾	促花 春剪 施肥	1. 施芽前肥。催芽肥一般在2—3月施入，以施速效氮肥为主，可施人畜粪肥，并适当结合施用尿素。成年树株施尿素1 kg，幼年树0.5～0.75 kg/株 2. 开沟排水 3. 防治病虫害。主要病虫害：疮痂病、溃疡病、花蕾蛆、炭疽病、天牛、蚧壳虫。防治办法：①用0.5～1.0°Be石硫合剂或果园清600倍液各喷1次；②用蚧击1200倍液＋炭疽立克600～800倍液或70%的甲基托布津1200倍液；③用敌敌畏棉签塞入天牛新排粪孔内；④花蕾现白期，用毒死300倍液喷洒地面杀死花蕾蛆越冬幼虫 4. 整形。主干高度40～50 mm，选留类中央干，配置主枝6～7个。主枝间距40～50 cm，分枝角45°左右。主枝间分布均匀或有层次，各主枝上配置侧枝6～8个，分枝角度40°～50°。在各级主枝上直接均匀配置侧枝群或枝组。用去强留弱、去长留短方法将成年树高控制在3.5 m左右、冠幅控制在4 m内 5. 修剪。柚树结果母枝以春梢为主，树冠内弱枝和少叶枝是优良的结果母枝。修剪以轻剪为主。疏除交叉枝、重叠枝、扰乱树形的少数大枝；疏除枯枝、病虫枝、衰老枝和生长位置不当、直立的徒长枝；疏剪顶部和外围的密集枝、霸王枝，树冠内部的弱枝和下垂枝尽量保留。夏梢偶有发生，除用于幼树整形外，随时抹除。对早秋梢适时摘心，促其健壮转为结果母枝	与植保站联合，制作当年柚类柑橘主要病虫害发生趋势分析
	幼龄树	春梢萌发期			

续表

<table>
<tr><th>月份</th><th colspan="2">物候期</th><th>要点</th><th>主要田间管理工作</th><th>主要气象服务</th></tr>
<tr><td rowspan="2">4—5月</td><td>结果树</td><td>春芽萌动期
抽春梢、现蕾
开花
第一次生理
落果期
（5月中旬）</td><td>促梢
壮花
保花
保果</td><td rowspan="2">1. 保花保果。开花前喷0.3%的磷酸二氢钾1～2次，落花2/3时喷“920”50 mg/kg保果；果园在盛花期放蜂或人工授粉。花季放蜂，有利于减少畸形果。5月中旬盛花期时气温较低，同时伴随降水量多等不利天气持续时间长，可能是引起授粉受精不均匀的主要因素。花前结合施肥喷1次防治花蕾蛆的药，花期禁止使用对蜜蜂等昆虫有毒害的农药。人工授粉时应整株树分布均匀，授粉数是结果数量的4～5倍
2. 追肥。开花消耗大量的树体养分，及时在花前和花后通过土施和叶面喷施，补充氮磷钾等大量元素肥和硼锌等微量元素肥
3. 疏花。对于开花过多的树要及时采取疏花措施，减少树体营养消耗。疏剪露柱花、畸形花，摘除细弱花，每个花穗留饱满、健壮花蕾2～4个
4. 开沟排水
5. 防治病虫害。主要病虫害：蚧壳虫、红蜘蛛、锈壁虱、潜叶蛾、玉带凤蝶、疮痂病、炭疽病等。防治方法：①花前结合根外追肥用阿维毒4500倍液＋蚧击1000倍液＋久生800倍液＋磷酸二氢钾防治蜘蛛、蚧壳虫、炭疽病1～2次。②坐果手用虫寂6000～8000倍液＋炭疽立克或果菌净600～800倍液防治红蜘蛛、潜叶蛾、锈壁虱、凤蝶、炭疽病等</td><td rowspan="2">1. 制作柚类柑橘花期发育服务材料
2. 关注异常落花落果。当预计日均气温≥25 ℃，日最高气温≥30 ℃，14时空气相对湿度<50%、风力2～3级时，及时发布农业气象灾害警报，提请果农注意防御</td></tr>
<tr><td>幼龄树</td><td>春芽萌动期
抽春梢
春梢老熟</td><td>壮梢</td></tr>
</table>

续表

月份	物候期		要点	主要田间管理工作	主要气象服务
6月	结果树	夏梢抽发期 第二次生理落果期（5月底—6月中旬）	保果 控梢	1. 施稳果肥。稳果肥在6月落果前15 d左右施入，以施速效氮肥和磷肥为主，可施腐熟人畜粪肥并喷施过磷酸钙1%浸出液 2. 施壮果肥。壮果肥在6月中下旬施入，以施速效氮肥和磷钾肥为主。一般壮果肥在6月中旬开始施用，最迟不能晚于7月中旬。此时养分需求较大，雨水较多，有利于肥料的充分利用。8月以后施用，晚秋梢抽生厉害，不利于果树安全越冬 3. 保果。结合夏季修剪，抹除不可利用的早夏梢，可避免梢果矛盾而引起落果。夏梢抽出留2叶摘心，待7月下旬至8月上旬放秋梢时，全部剪除留桩夏梢，促使放出整齐健壮的秋梢，形成优良结果母枝 4. 疏果。疏果分2次进行。第1次在第1次生理落果后（5月中下旬），只疏除小果、病虫果、畸形果、密弱果；第2次在生理落果结束后（6月中下旬），再根据树龄、树势和树形确定单株的合理负载量，继续疏除分布不合理的果实 5. 夏剪：主要修剪落花落果枝、弱枝和病虫枝以及顶部和外围的密集枝、霸王枝。夏梢偶有发生，除用于幼树整形外，随时抹除 6. 树形管理：为减少营养消耗，选留柚树延长枝头，剪除其余顶部的夏梢，剪除树干内膛枯死病虫枝，抱合树进行拉枝 7. 地面覆盖反光膜。广丰马家柚的叶片浓密，叶片之间相互遮光影响光合作用 8. 病虫害防治。可以有效管理控制病虫害对果面伤害（6—10月）的发生。主要病虫害：仍以蚧壳虫、红蜘蛛、锈壁虱、潜叶蛾、玉带凤蝶、疮痂病、炭疽病、白粉病等 防治方法：①用杀扑磷1000倍液＋果菌净防治蚧壳虫、炭疽病、白粉病、疮痂病。②丙溴磷1200倍液＋千屠1500倍液，或毒死1000倍液＋2%阿维菌素6000倍液防治红蜘蛛、黄蜘蛛、潜叶蛾、凤蝶。③用虫寂6000～8000倍液防治锈壁虱、红蜘蛛	1. 关注两次生理落果，若有异常落果开展相关服务 2. 当预计日均气温≥25 ℃，日最高气温≥30 ℃，14时空气相对湿度＜50%，风力2～3级时，及时发布农业气象灾害警报，提醒果农注意防御
	幼龄树	夏梢萌发期	促梢		

续表

月份	物候期		要点	主要田间管理工作	主要气象服务
7—8月	结果树	夏梢生长期 第二次生理落果终止	保果 控夏梢	1. 适时进行果树套袋。7月中旬进行1次化学防治病虫后，2 d内对果实进行套袋。雨后要重新进行1次化学防控再套袋。套袋可以促进果实提前转色，减少农药残留，防止日灼，在一定程度上会提升果实内质，提高果实品质的稳定性 2. 疏果。主要疏除畸形果、小果、碰伤果、虫害果，原则上1个花序留果不超过3个果 3. 夏秋伏旱季节灌水。7月份果实迅速膨大，在连续干旱10 d左右，需要浇1次水 4. 根外追肥 5. 抹复梢 6. 防治病虫害	1. 根据植保站对柚类柑橘病虫害的预测结论，开展服务 2. 做好柚类柑橘高温干旱专题气象服务 3. 日灼。当预计（7月11日—8月20日）日均气温≥30 ℃，日最高气温≥35 ℃；果实日灼。及时发布农业气象灾害警报，提醒果农注意防御 4. 干旱。当预计（7月11日—10月10日）连续20 d累计降雨量≤10 mm，且日雨量≤5 mm，属轻度；连续30 d累计降雨量≤25 mm，且日雨量≤10 mm，属重度。造成果实发育困难，果小，水分少。及时发布农业气象灾害警报，提醒果农注意防御
	幼龄树	夏梢生长期	促梢		
	幼龄树	夏梢生长期	壮梢		
	幼龄树	秋梢生长期	促梢		

续表

月份	物候期		要点	主要田间管理工作	主要气象服务
9—10月	结果树	果实膨大、 秋梢转绿期 果实着色期	壮果 保质 壮梢	1. 控水。9 月份是果实品质形成的关键时期，此时雨水多会引起裂果，果实风味变淡，应适度干旱。9 月份以后严禁浇水，适当采取措施减少果树水分摄入 2. 施肥。马家柚施肥时间应确定在每年的 9 月底至 10 月初进行。冬季施肥是马家柚管理的重要措施之一，也是积蓄营养的最佳时期，为来年打下结实的基础。但提倡冬肥秋施，此时气温较高，有利于肥料分解；而且马家柚根系还处于生长高峰期，花芽分化期、果实成熟期仍需要大量养分供应 3. 防治病虫害。主要病虫害：溃疡病、炭疽病、煤污病、白粉病、红蜘蛛、锈壁虱、夜蛾类、天牛、吉丁虫、蚧壳虫 防治方法：①阿维毒 4500 倍液＋吡虫啉 1500 倍液＋蚧击 1200 倍液＋甲基托布津 600 倍液；②虫寂 6000 倍液＋杀扑磷 1000 倍液＋果菌净 8000 倍液；③瑞蛙 1500 倍液＋1.8%的阿维菌素 2000 倍液＋久生 600～800 倍液。每种配法轮换使用，每隔 15～20 d 喷 1 次	制作柚类柑橘产量趋势预测
	幼龄树	秋梢转绿、 老熟、 抽晚秋梢期	壮梢		
11月	结果树	果实成熟 采收 花芽分化	采收 促花芽分化	1. 施肥。在采果前后施用，其施肥量占全年施肥量的 50%，可施大量绿肥、催肥、圈粪、饼肥等迟效肥，并配合施入速效氮肥和磷肥 2. 采收。避免在大风和雨天采收。采用“一果二剪法”进行采收，即先用果剪留果柄 1～3 cm 剪下，然后将果柄齐果肩处剪平，要注意将病果、伤果与好果分开，并及时装运入库，减少日晒、避免雨淋。晚于 12 月中旬采收，显著影响到当年的花芽分化，会造成第 2 年柚树不开花结果。计划安排到春节前后上市，则需要在果实 7～8 成熟时采收 3. 冬季修剪。冬剪在采果后进行，主要修剪枯枝、弱枝、秃枝、衰老枝，修剪时注意从上到下从外到里，重点把树冠外围中上部的衰退枝疏删或截短。马家柚冬季修剪时间一般要求在立冬以前完成，最好是在霜降开始修剪。修剪原则是先剪去病虫危害枝、枯枝；其次是徒长枝、重叠枝、内膛直立枝；最后是剪去主干 30 cm 以下的侧枝和晚秋梢。但是修剪不宜造成树体太大伤口，以免造成冻害	1. 制作柚类柑橘采收期天气预测，提出适宜采收期建议 2. 对当年柚类柑橘全生育期天气气候进行评述
	幼龄树	冬梢抽发期	控制 冬梢		

第 12 章

柑橘气象业务服务平台

柑橘气象业务服务平台分为业务平台和服务平台两部分，业务平台也可称为后台，主要实现数据的管理交互和产品的制作发布等；服务平台也称为前台，主要实现资料和产品等内容的共享。

12.1 柑橘气象服务大数据要求

柑橘智慧气象服务大数据主要集成省、市、县气象与农业部门的大农业服务信息，集天气预报、气象数据、灾情信息、农事信息、农业技术、政策法规等于一体。借助农业大数据云数据库系统技术体系，智慧气象服务平台可为种植、养殖大户、农民合作社、农业企业和农技人员等用户提供个性化的天气预报、及时的灾害预警、可靠的农事指南等形式多样、内容丰富的农业及气象信息服务数据基础。整个平台的设计全面采用面向服务的设计指导思想。建库要求如下。

12.1.1 技术要求

数据库建设要符合统一的时空框架、统一的信息分类编码体系、统一的数据交换平台、统一的信息资源目录体系、统一的面向对象数据组织五个统一的原则。据此对数据库设计提出了技术要求，通过分析数据库建设相关软件平台，明确不同类型数据的建模方式。

12.1.2 范式要求

数据库设计原则上要求达到第三范式，但对于无法达到第三范式要求的数据库，最低不能低于第二范式要求。

12.1.3　安全性要求

系统对安全性需求较高，为了保障数据库的安全稳定运行，需注意数据备份和恢复方面的工作。

12.2　基于 WebGIS 的柑橘气象业务服务系统开发

12.2.1　系统概述

以移动互联网技术为依托，以智能化、精细化、集约化的柑橘气象业务服务为目的，基于 WebGIS 和中国气象数据网（CIMISS），研究开发出“柑橘气象业务服务系统”。该系统平台分为业务平台和服务平台两部分，业务平台也可称为后台，主要实现数据的管理交互和产品的制作发布等；服务平台也称为前台，主要实现资料和产品等内容的共享。

系统平台的安全性从安全论证、权限管理、内网部署和系统管理等方面进行了设计。采用 OAuth 2.0 协议对用户进行认证和授权，所有服务接口按区域设置访问权限，不同区域的用户只能访问本区域相关的数据资料，柑橘业务服务系统部署在中心业务内网中，与外网物理隔绝，系统不开放注册，统一由柑橘气象服务中心按省份建立区域用户。

系统平台的模块包括柑橘气象数据库、数据检索子系统、柑橘气象灾害监测预报子系统、柑橘农用天气预报子系统、柑橘气象监测评价子系统、产品制作与发布子系统、用户登录和管理子系统等。其中柑橘气象数据库模块主要包括基础地理数据库、气象数据库、柑橘气象数据库（物候期、落花落果、产量、品质、柑橘气象灾害指标、病虫害等）、柑橘气象服务数据库（图像、文本、表格等产品数据入库）。

12.2.2　系统运行环境

（1）硬件环境

服务器端。CPU：Intel(R) Xeon(R) CPU E3-1220 v5 @ 3.00 GHz；内存：32 G 以上；硬盘：1TB 以上。

客户端。CPU：Intel(R) Core(TM) i5-7200U CPU @ 2.50 GHz；内存：8 G 以上。

(2)软件环境

服务器端。操作系统：CentOS 7.2；JDK 1.8；Nodejs 10.2.3。

客户端。Chrome 84.0.4147.105 以上。

(3)系统配置文件

系统配置文件一览表如表 12.1 所示。

表 12.1 系统文件

文件名	类型	内容
application.properties	配置文件	配置工程端口号、数据库地址、redis 地址等其他工程相关配置
province_capital.json	数据源文件	记录各省省会经纬度及区域代码等信息
stat.json	数据源文件	记录站点站号、经纬度等信息
sysConf.json	配置文件	配置后台接口地址
bussConf.json	配置文件	前台总体配置信息
CimissConfig.xml	配置文件	配置 CIMISS 采集信息及对应数据库字段信息

12.2.3 系统架构

(1)系统架构分层

柑橘气象业务服务系统总体架构分为四层：基础层、数据层、应用层和用户层。

基础层由 CIMISS 服务器、Web 服务器、文件服务器、数据库服务器组成。系统从 CIMISS 服务器获取气象观测数据。Web 服务器提供客户端的服务，包括向文件服务器、数据库服务器发送请求、承载 WebGIS 服务。文件服务器对文件进行维护，具有的功能包括文件存储、文件读取、文件解译等。数据库服务器对数据进行维护，同时提供对外数据访问服务，具有的功能包括数据采集、数据处理、数据查询。各个服务器采用了多线程、缓冲池机制，确保在数据规模较为庞大的情况下，每个独立的模块也能被调度处理到，同时采用消息服务，可以实现功能模块的分布式部署模式，降低单个服务器的负载，提高资源使用率。

数据层由气象数据库、柑橘气象数据库、地理信息数据库、元数据库组成。气象数据库存储从 CIMISS 中获取的或文件解译出的气象自动观测数据。地理信息数据库存放站点信息、区域信息等地理相关信息。柑橘气象数据库存放柑橘业务相关基础数据。元数据库存放系统日志，访问记录，用户信息等系统信息。

应用层分为数据检索子系统、柑橘气象灾害监测预报评估子系统、柑橘农用天气预报子系统、柑橘气象监测评价子系统、产品制作与发布子系统、用户登录和管理子系统，所有子系统集成到柑橘气象业务服务系统平台中形成一套统一的对外接口服务。

系统用户分为系统管理员、中心用户、成员单位用户以及普通用户。系统管理员拥有所有权限，中心用户和成员单位用户拥有业务操作相关权限，普通用户拥有最低权限。

系统开发的总体框架如图 12.1 所示。

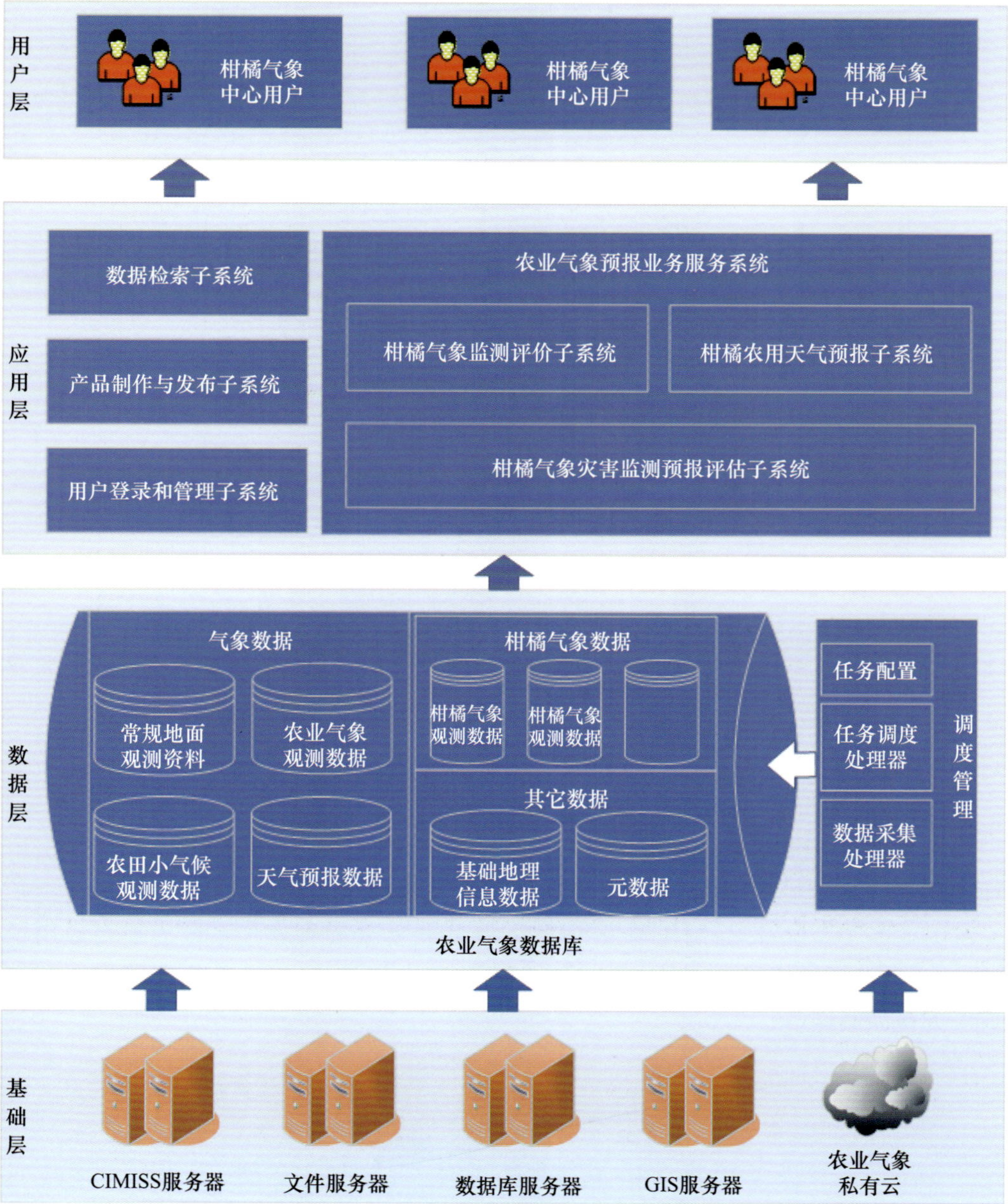

图 12.1　总体框架图

(2)技术路线

系统采用多层架构，封闭复杂的业务操作，数据库采用 MySQL＋Redis，柑橘气象业务服务系统服务端框架采用 Spring Cloud，采用自动任务的形式从 CIMISS 服务器采集数据。接口服务统一使用 RESTful 架构，柑橘气象业务服务系统 Web 端使用 Angular 框架搭建(12.2)。

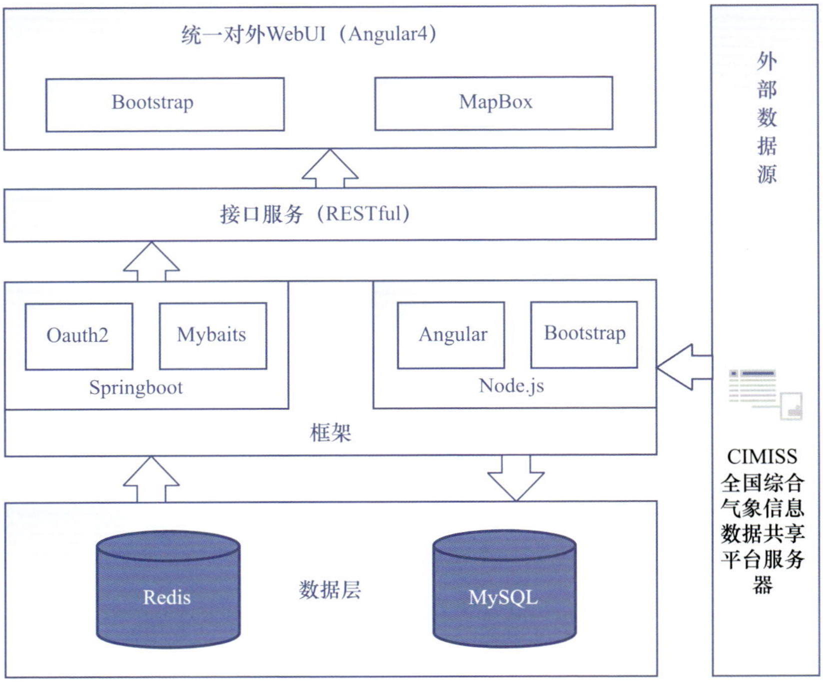

图 12.2　技术架构

(3)功能结构

柑橘气象业务服务系统共分为 6 个子系统 14 个模块，其中数据检索子系统、柑橘气象灾害监测预报评估子系统、柑橘农用天气预报子系统、柑橘气象监测评价子系统为业务子系统；产品制作与发布子系统、用户登录和管理子系统为平台通用子系统，为业务子系统提供产品与安全等方面的基本保障，确保业务模块能够顺利完成业务产品制作(图 12.3)。

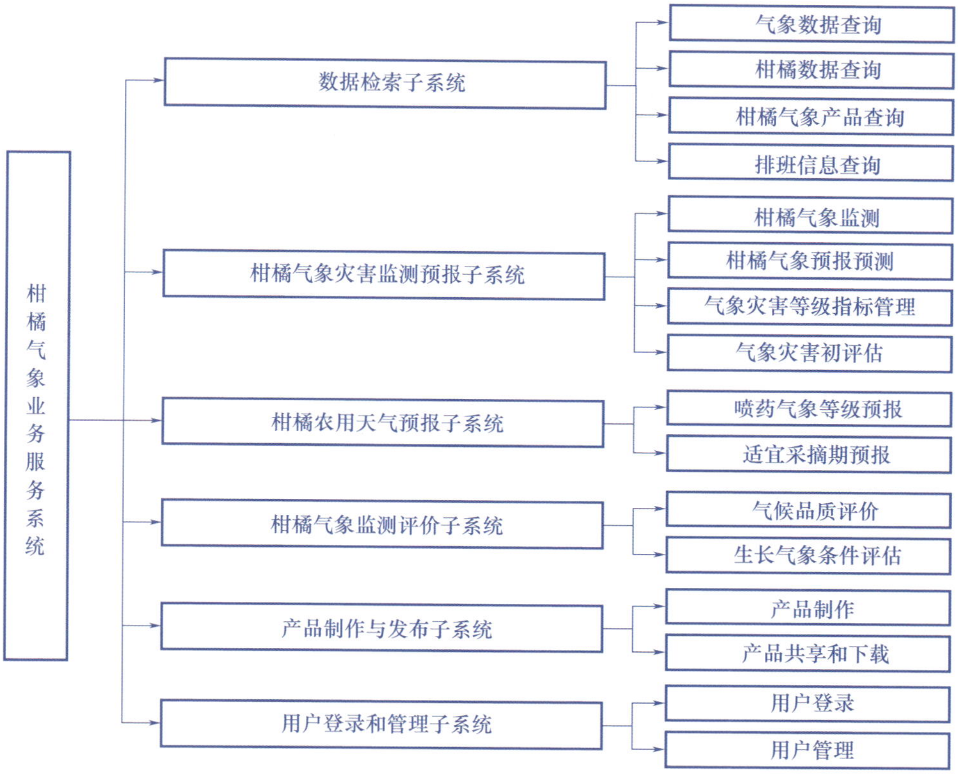

图 12.3 柑橘气象业务服务系统功能结构

12.2.4 柑橘气象业务服务数据库结构

平台数据库基于 MYSQL 数据架构进行搭建，包括服务产品数据库、用户数据库和管理员数据库，通过数据库端进行服务产品的分类汇总、用户的分组管理、管理员的权限分级，探索点对点（重点服务对象）和点对面（区域、类型服务对象）的精准化现代为农服务模式。主要数据库流程见图 12.4。

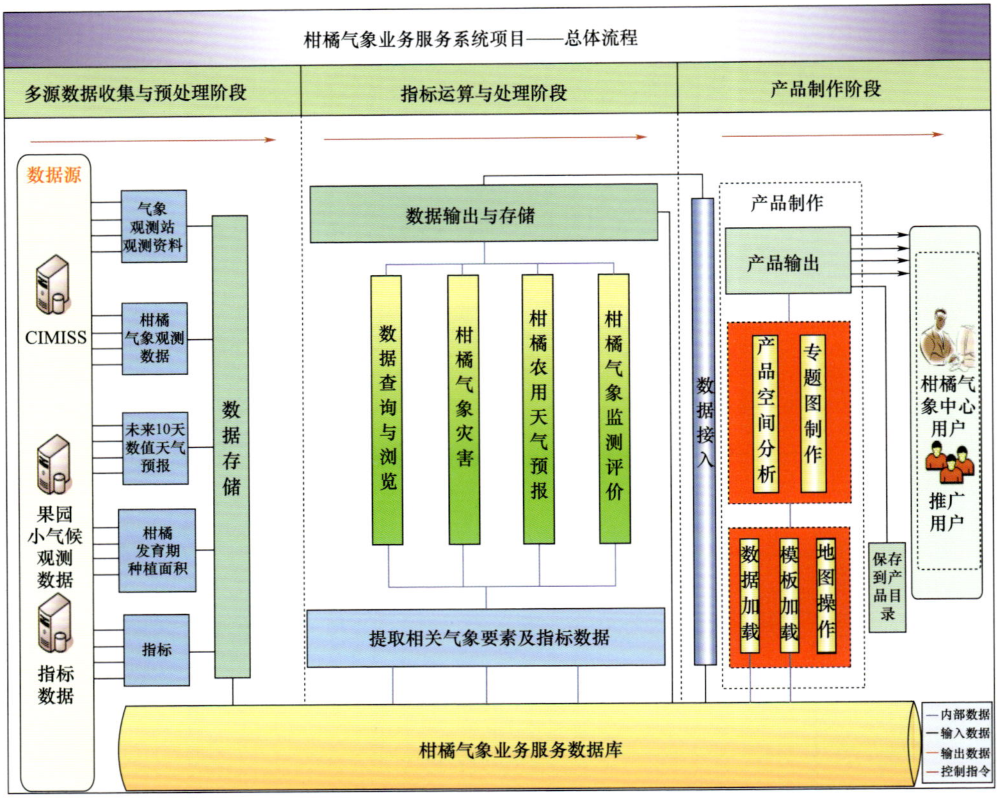

图 12.4　柑橘气象业务服务系统数据流程图

12.2.5　系统实现

(1)数据检索子系统

通过柑橘气象业务服务系统能够在线查询气象观测、柑橘物候和生物量、产量结构等观测，以及产品等相关业务数据，以表格的形式进行展示，并提供在线下载的功能。

① 气象数据查询与分析

地面气象观测逐日数据查询、展示见图 12.5。

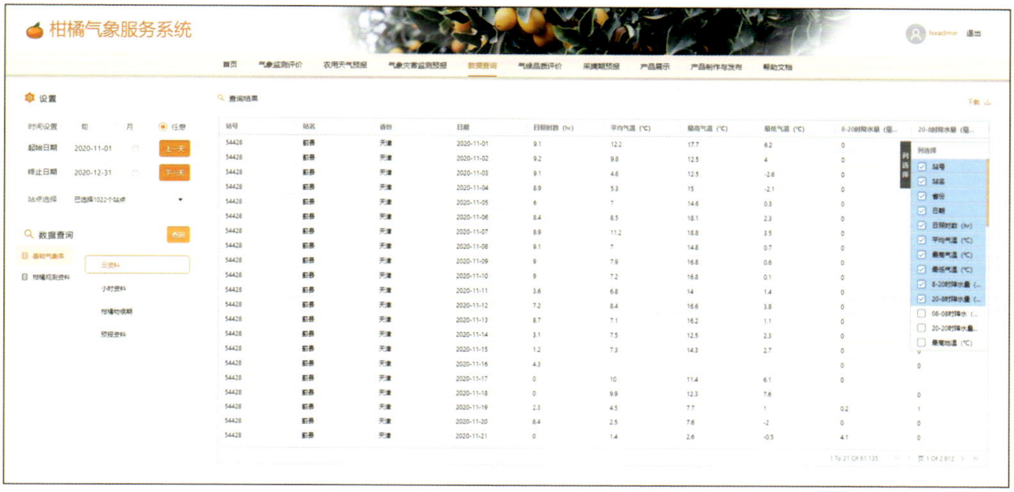

图 12.5　地面气象日数据查询

② 柑橘数据查询

柑橘物候期、产量结构、关键农事活动查询与结果展示如图 12.6—图 12.8 所示。

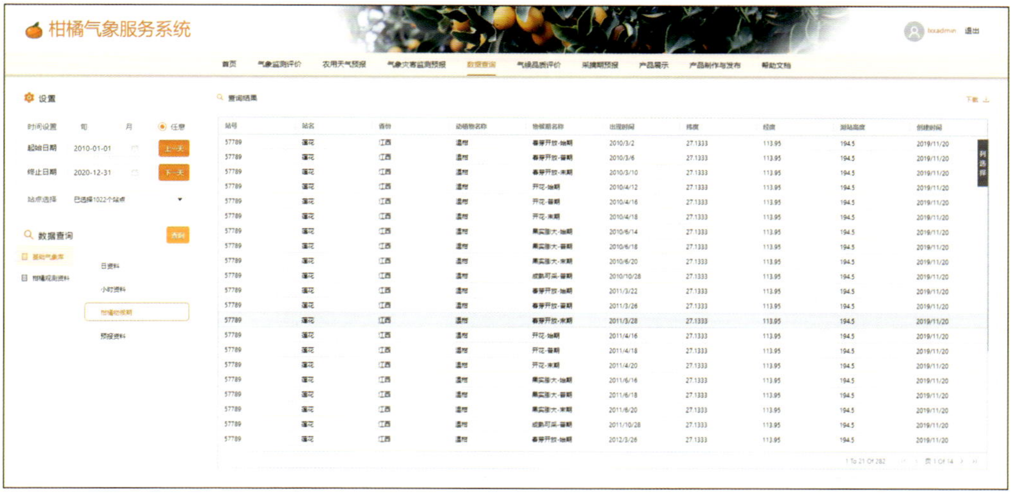

图 12.6　柑橘物候期数据查询

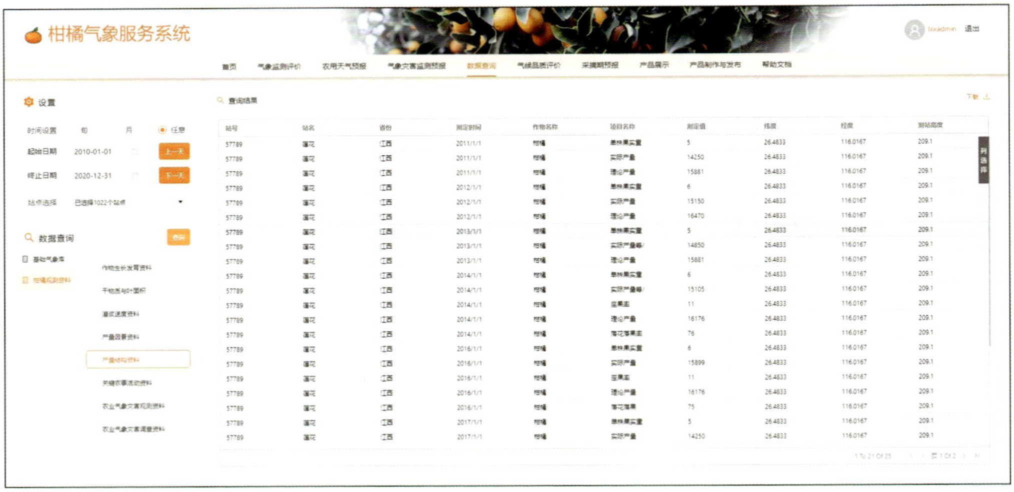

图 12.7　产量结构查询

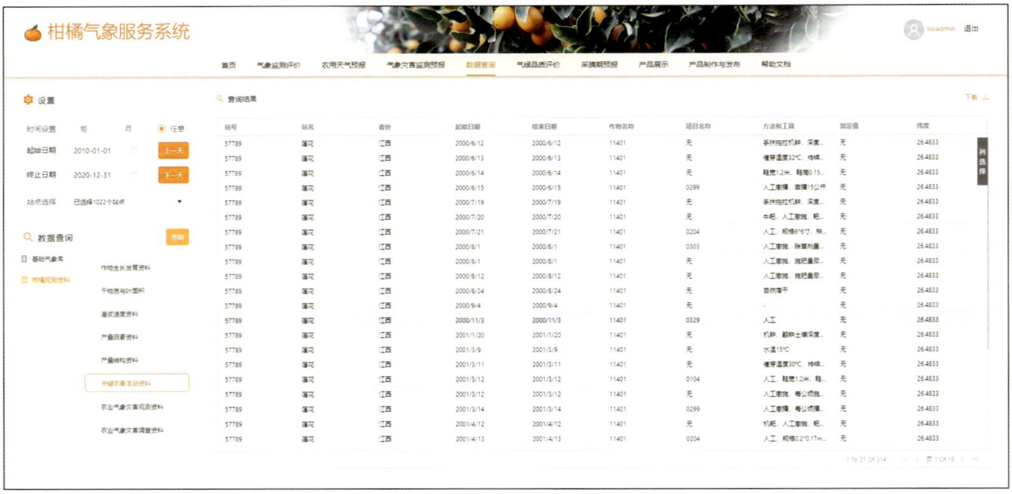

图 12.8　关键农事活动查询

③ 服务产品查询

柑橘气象监测评价、气象灾害监测预报、农用天气预报产品查询、展示见图 12.9—图 12.11。

图 12.9 柑橘气象监测评价产品查询

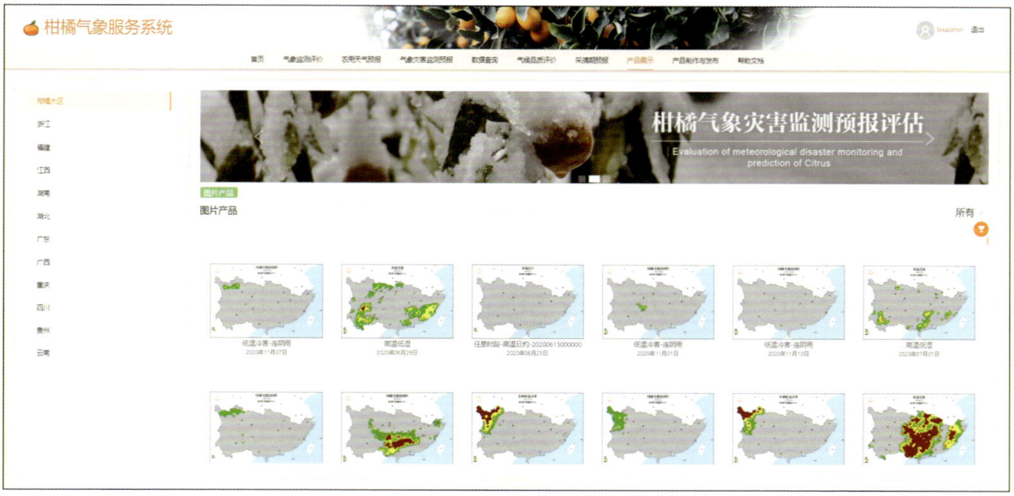

图 12.10 柑橘气象灾害监测预报产品查询

图 12.11 柑橘农用天气预报产品查询

(2)柑橘气象灾害监测子系统

① 柑橘高温低湿灾害监测

柑橘高温低湿灾害监测结果展示如图 12.12 所示。

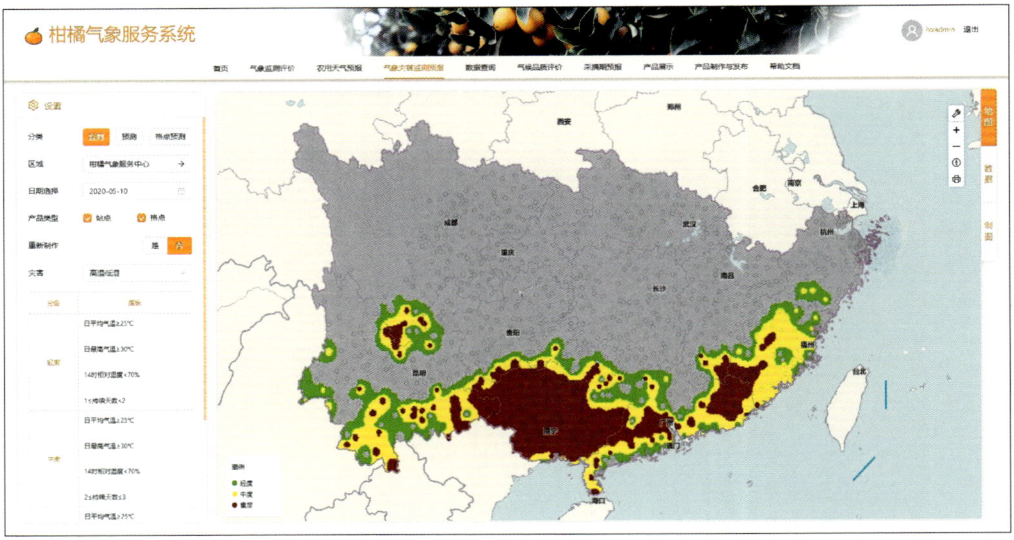

图 12.12 柑橘种植区高温低湿气象灾害等级分布图

② 柑橘高温低湿灾害等级产品制作

柑橘种植区高温低湿灾害等级分布产品制作界面如图 12.13 所示。

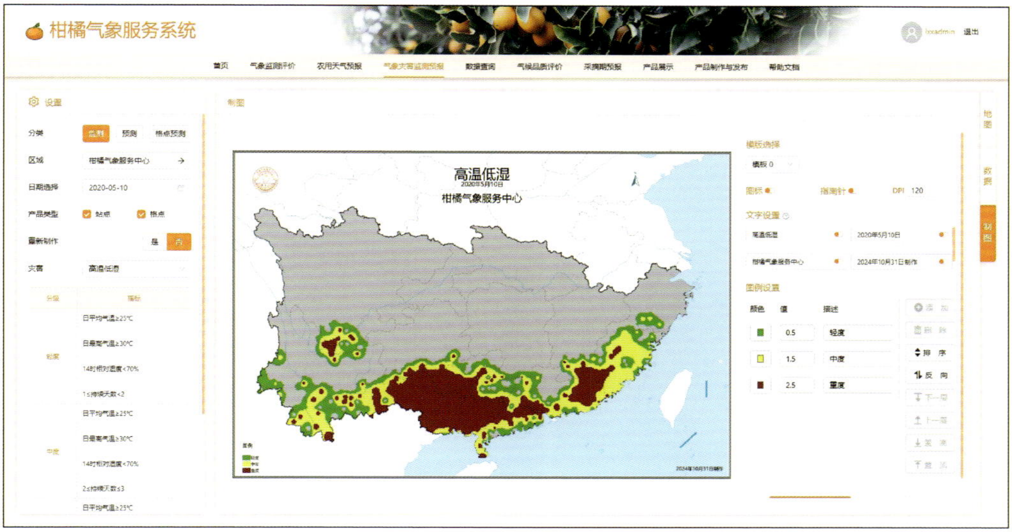

图 12.13　柑橘种植区高温低湿气象灾害等级产品制作界面

③ 柑橘种植区高温热害监测

柑橘种植区高温热害监测结果如图 12.14 所示。

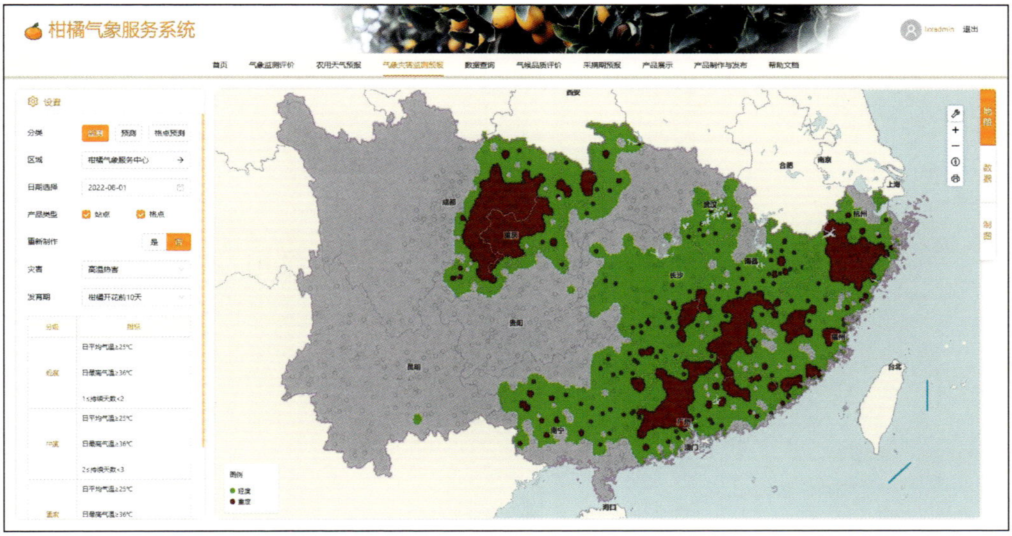

图 12.14　柑橘种植区高温热害气象灾害等级分布

④ 柑橘种植区高温热害等级监测数据表

柑橘种植区高温热害等级数据表见图 12.15。

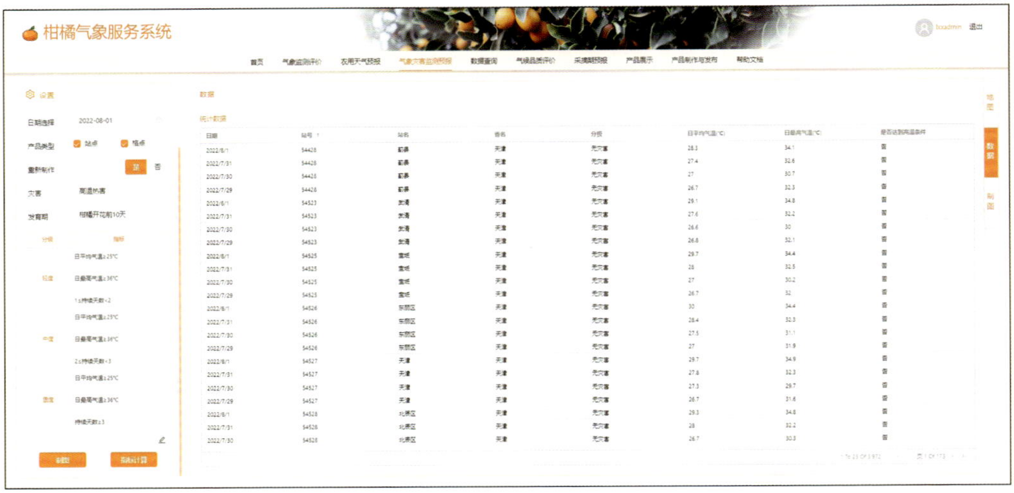

图 12.15　柑橘种植区高温热害气象灾害等级数据表

⑤ 柑橘种植区柑橘低温连阴雨灾害等级监测

柑橘种植区低温连阴雨灾害监测结果如图 12.16 所示。

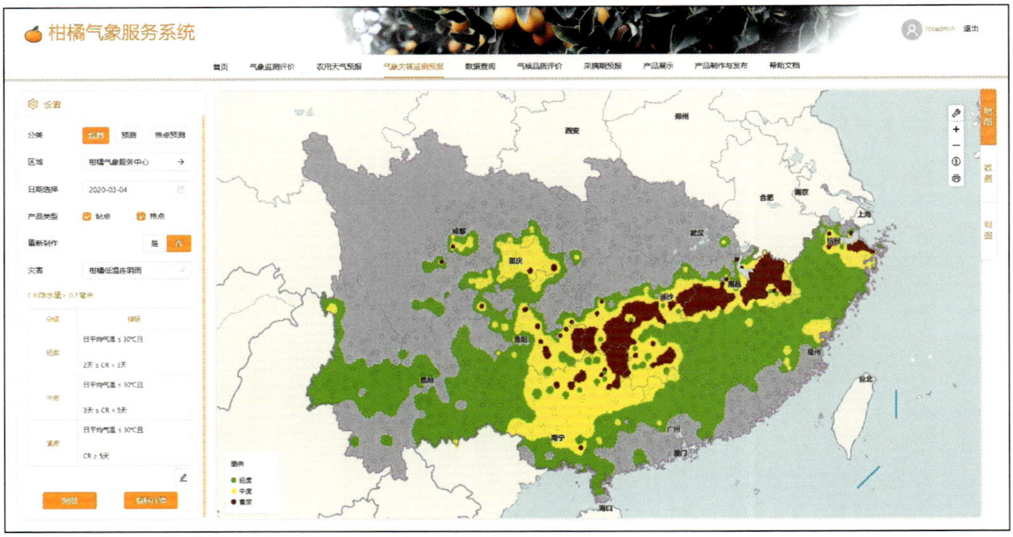

图 12.16　柑橘种植区柑橘低温连阴雨灾害等级监测分布图

(3)柑橘气象灾害预报预测

① 柑橘高温低湿灾害等级预报图

柑橘种植区高温低湿灾害等级预报结果见图 12.17。

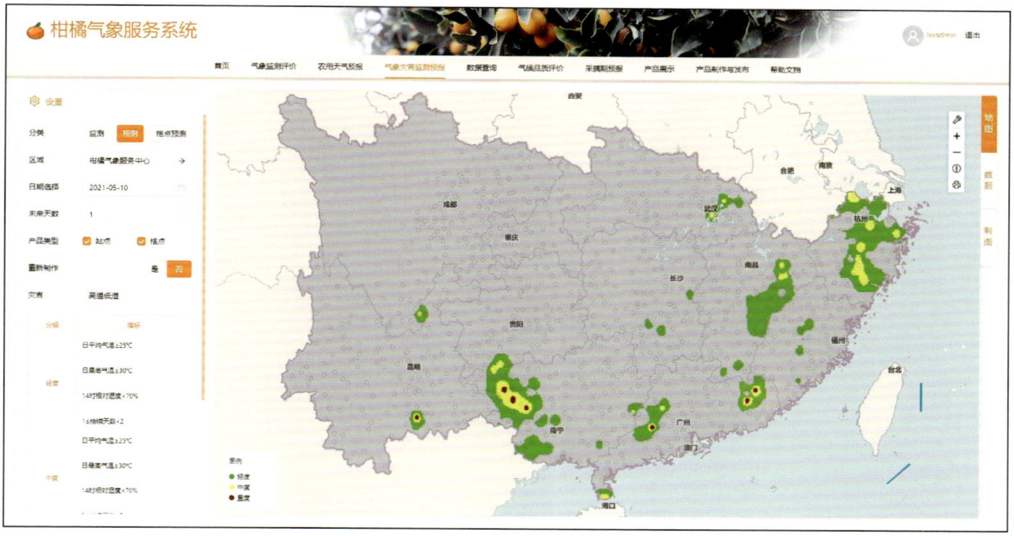

图 12.17　柑橘种植区高温低湿灾害等级分布预报

② 柑橘高温日灼等级预报产品制作

柑橘种植区高温日灼灾害预报产品制作界面见图 12.18。

图 12.18　柑橘种植区高温日灼等级预报产品图

(4)灾害等级指标的管理

柑橘气象灾害等级指标管理界面见图 12.19。

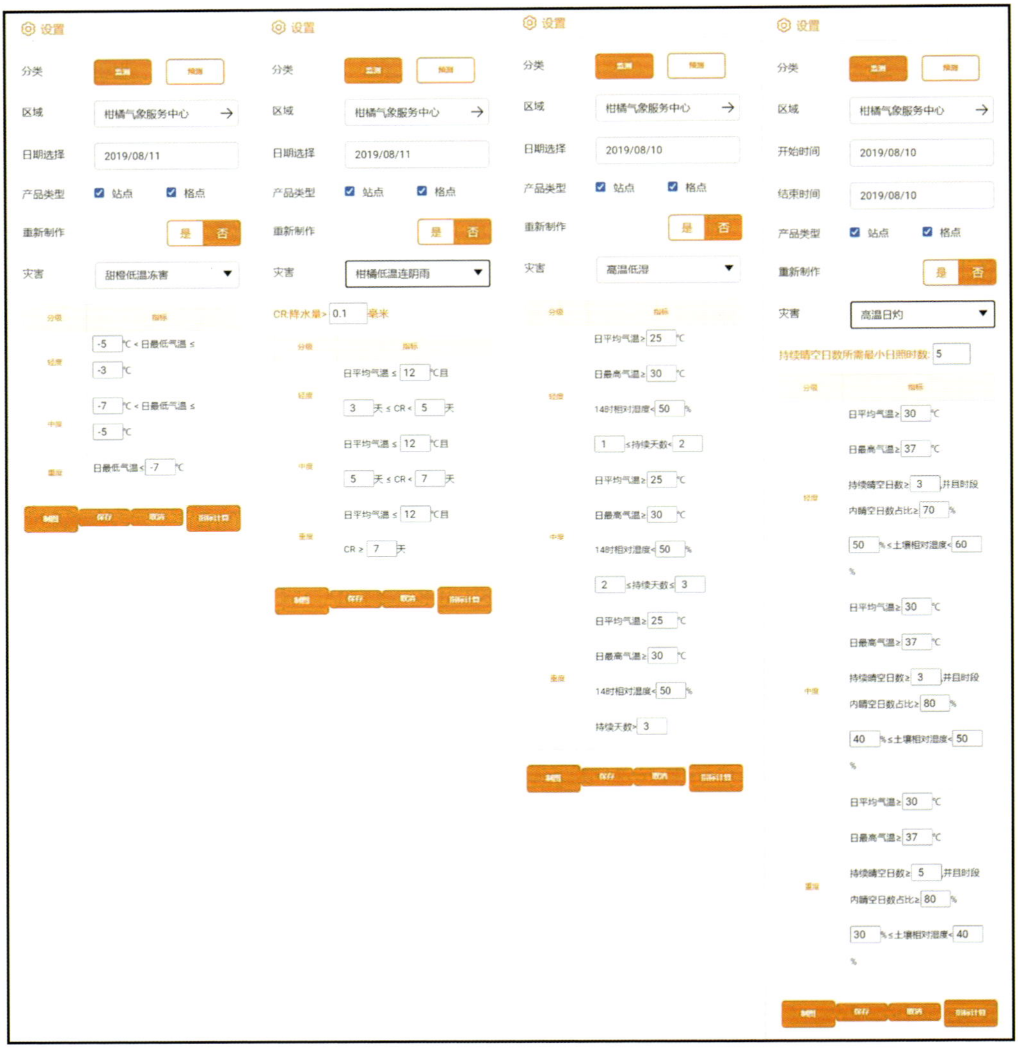

图 12.19　柑橘种植区灾害指标设置界面

(5)柑橘农用天气预报子系统

① 喷药气象等级预报

柑橘园喷药气象等级预报结果展示及其数据表见图 12.20。

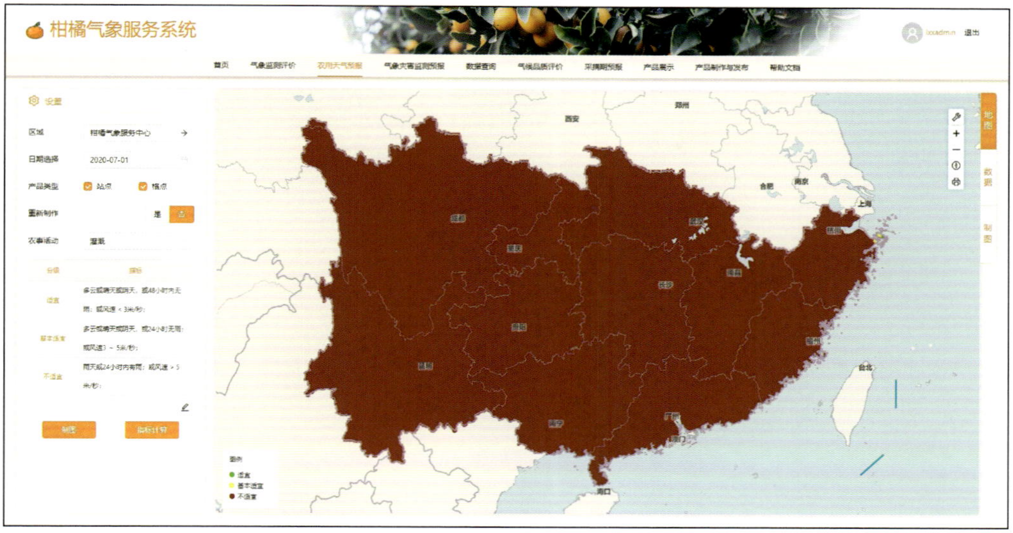

图 12.20 柑橘种植区喷药气象等级分布图

② 适宜采摘期预报

柑橘适宜采摘期预报结果如图 12.21 所示。

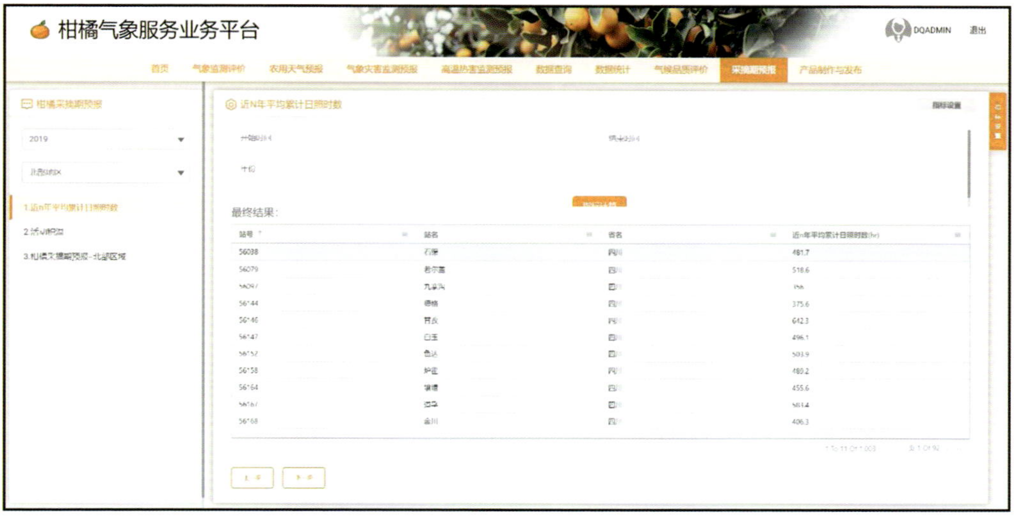

图 12.21 柑橘种植区北部地区采摘期预报结果

(6)柑橘气象监测评价子系统

① 气候品质评价

以 2019 为例展示柑橘气候评价过程中的气候因子统计计算结果、评价模型以及评价结果。

柑橘种植区 2019 年连续高温日数计算结果如图 12.22 所示。

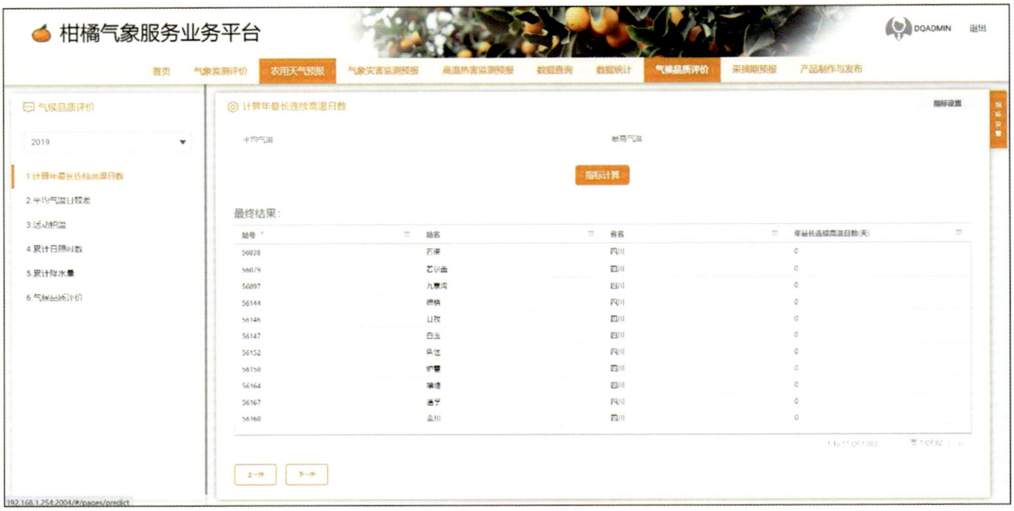

图 12.22　柑橘种植区 2019 年最长连续高温日数计算结果

柑橘种植区 2019 年气温日较差计算结果如图 12.23 所示。

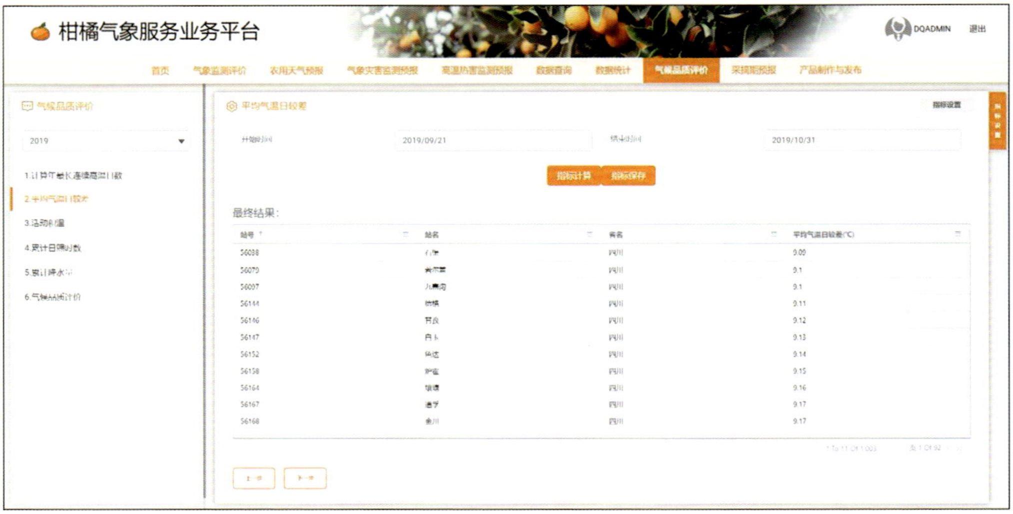

图 12.23　柑橘种植区 2019 年平均气温日较差计算结果

柑橘种植区2019年活动积温计算结果如图12.24所示。

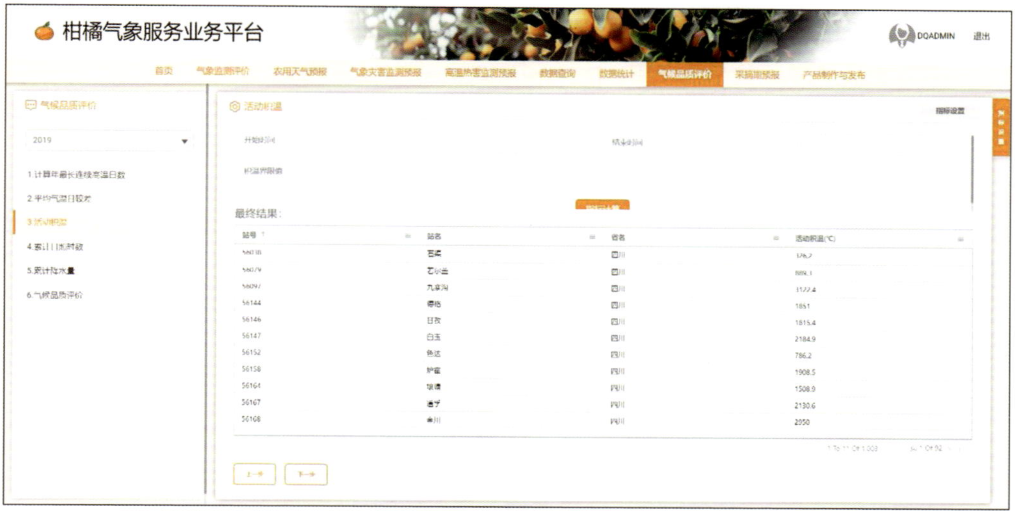

图12.24　柑橘种植区2019年活动积温计算结果

柑橘种植区2019年累计日照时数计算结果如图12.25所示。

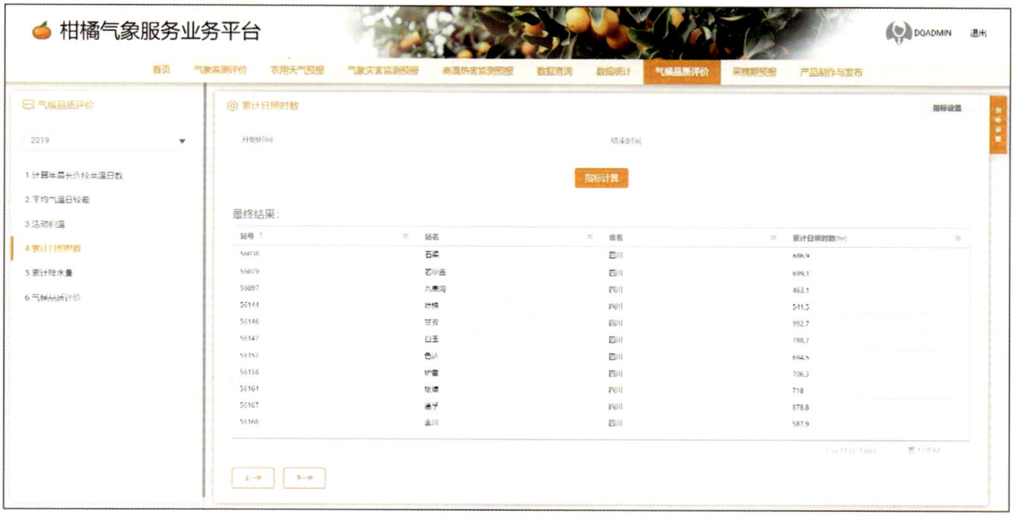

图12.25　柑橘种植区2019年累计日照时数计算结果

柑橘种植区 2019 年累计降水量计算结果如图 12.26 所示。

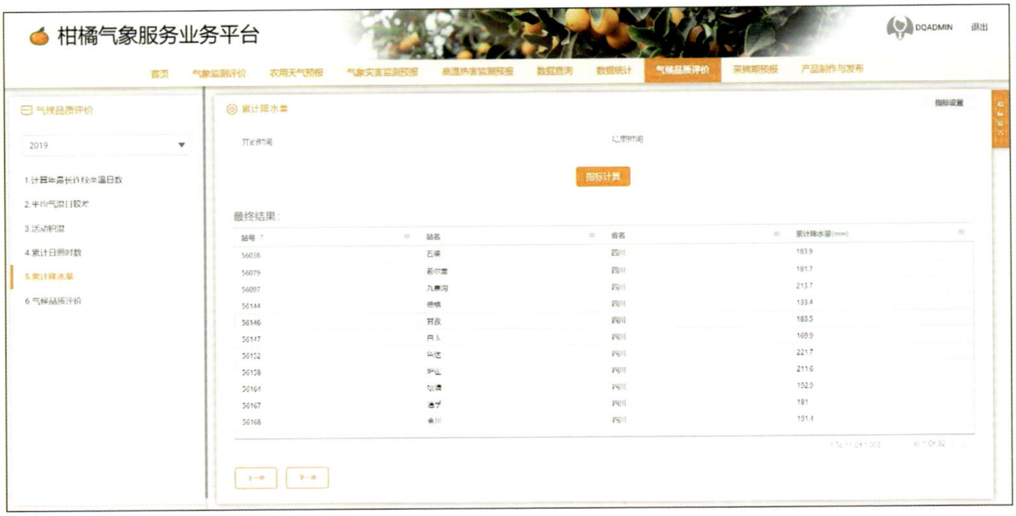

图 12.26　柑橘种植区 2019 年累计降水量计算结果

柑橘气候品质评价分析模型及其分级指标阈值如图 12.27 所示。

图 12.27　柑橘种植区 2019 年气候品质评价模型及分级指标阈值

柑橘种植区 2019 年气候品质评价结果结果如图 12.28 所示。

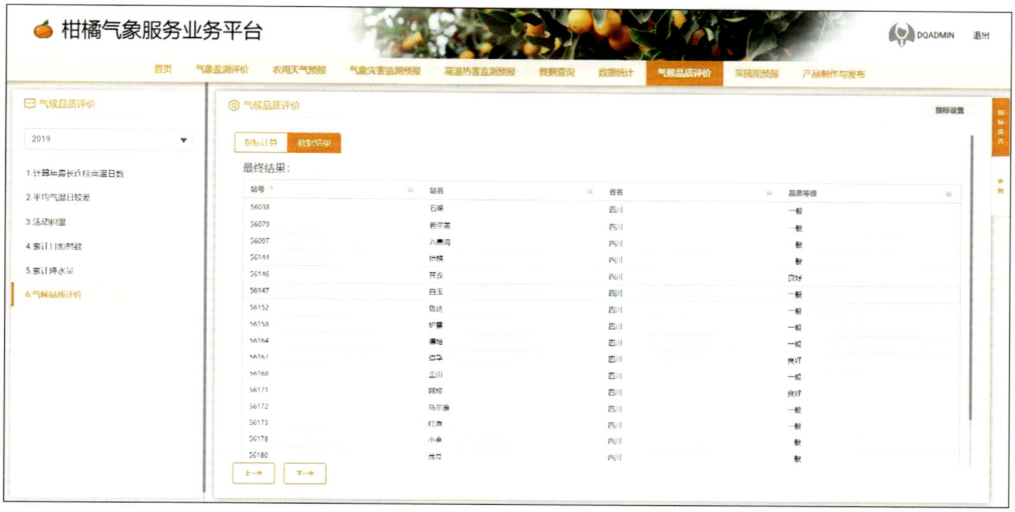

图 12.28 柑橘种植区 2019 年气候品质评价结果

柑橘种植区 2019 年气候品质等级分布图见图 12.29。

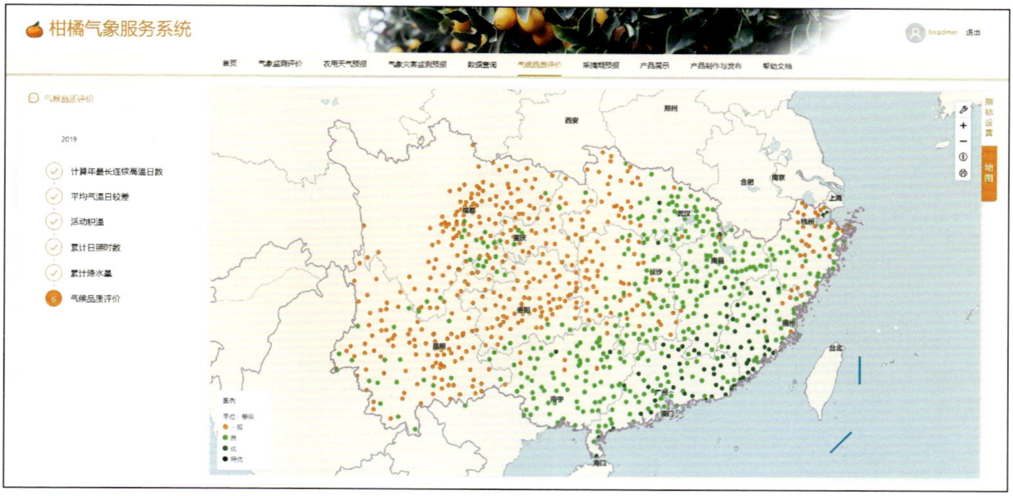

图 12.29 柑橘种植区 2019 年气候品质等级分布

② 柑橘生产气象条件评估

柑橘种植区旬平均气温站点分布示例见图 12.30。

图 12.30　柑橘种植区旬平均气温站点分布示例

柑橘种植区旬平均气温格点分布示例见图 12.31。

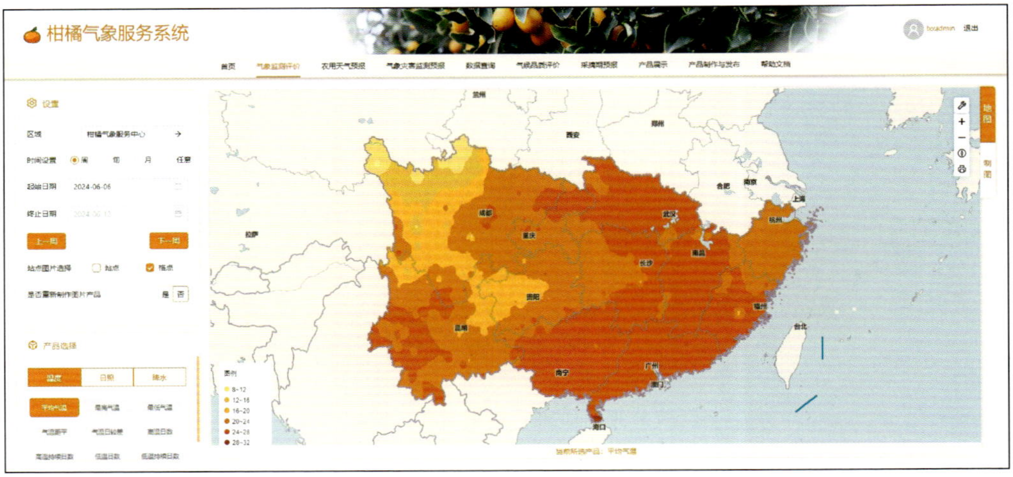

图 12.31　柑橘种植区旬平均气温格点分布示例

(7)产品制作与发布子系统

柑橘气象服务专报产品制作界面如图 12.32 所示。

图 12.32　柑橘气象服务专报产品制作界面

(8)用户登录和管理子系统

① 用户登录

柑橘气象业务服务系统用户登录页面见图 12.33。

图 12.33　柑橘气象业务服务系统登录页面

② 用户管理

柑橘气象业务服务系统用户信息管理页面见图 12.34。

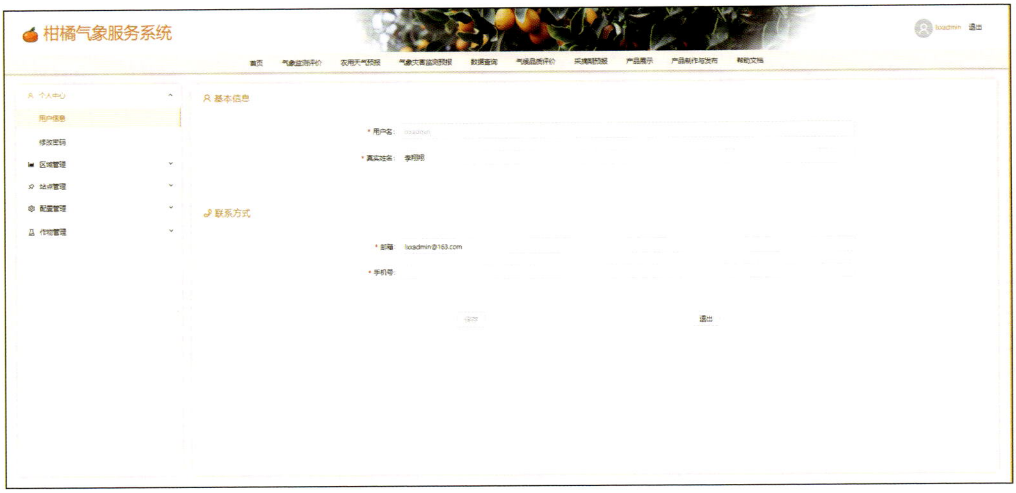

图 12.34　用户信息管理

③ 柑橘种植区管理

柑橘气象业务系统柑橘种植区域管理页面见图 12.35。

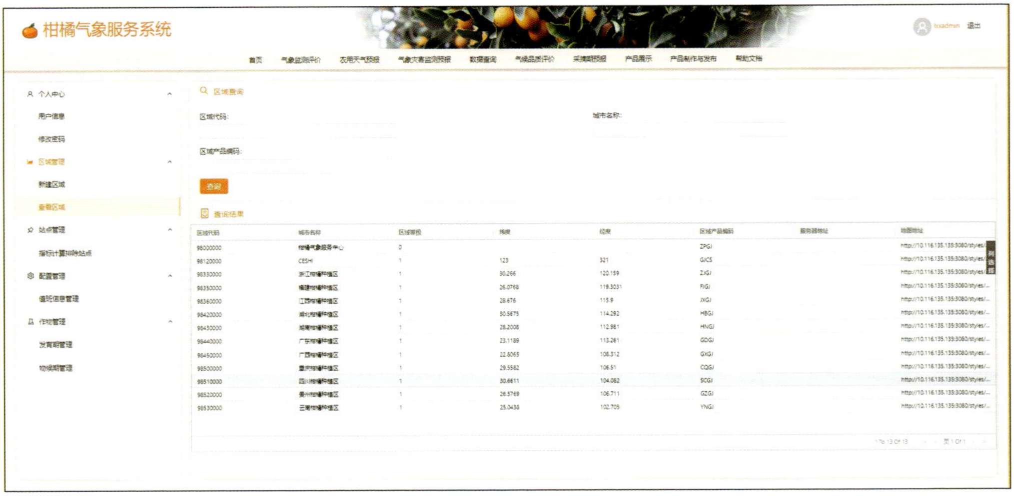

图 12.35　柑橘种植区管理

④ 柑橘物候期管理

柑橘气象业务服务系统柑橘物候期管理页面见图 12.36。

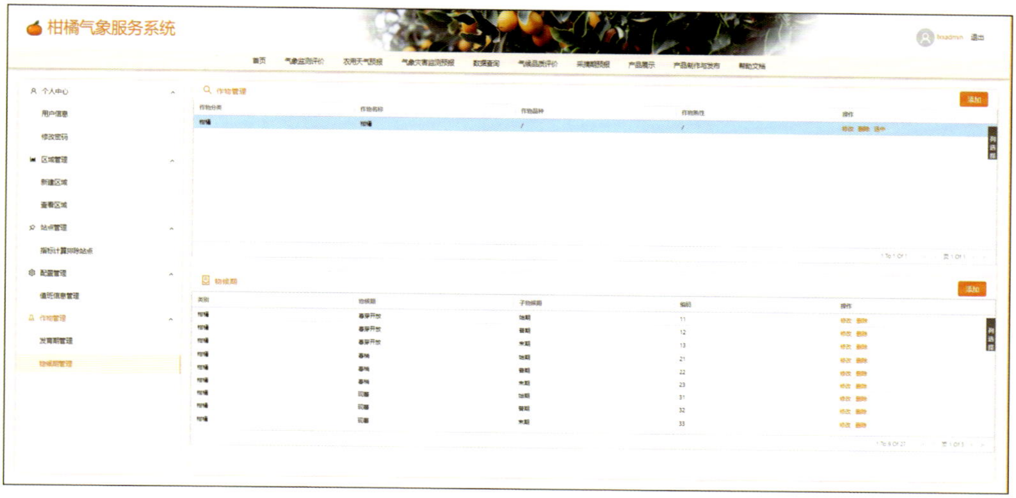

图 12.36　柑橘物候期管理

12.3　支撑柑橘气象服务的直通式智慧气象平台

基于“互联网＋”的直通式智慧气象服务渠道开展柑橘气象服务，主要包括“××微农”手机服务平台、“××微农”管理系统、“农业天气通”APP 以及乡村气象信息服务站等智慧服务手段，打造省、市、县三级气象部门和农业部门统一服务渠道和科技平台支撑，为用户提供多渠道的柑橘气象服务窗口。

12.3.1　“××微农”微信服务平台

“××微农”手机“直通式”服务终端基于微信公众平台打造，集天气预报、灾害预警、天气雷达、卫星云图等天气服务，病虫情报、农事建议、“三农”政策、农技推广等农业服务以及灾情互动、农情反馈、在线咨询等互动交流功能为一体，为用户提供随手可查的掌间农业、气象专业服务。

该平台基于 PHP 语言搭建，使用 Windows 环境的 AppServ 作为开发和调试环境，使用 Zendstudio 作为 PHP 语言的 IDE，使用 Windows 版本的 MySQL 作为数据存储；在部署应用时使用 Nginx、APMSer 和 Windows 版本的 MySQL 作为运行环境。

12.3.1.1 功能设计

"××微农"微信服务平台集天气预报、灾害预警、天气雷达、卫星云图等天气服务，病虫情报、农事建议、"三农"（农业、农村、农民）政策、农技推广等农业服务以及灾情互动、农情反馈、在线咨询等互动交流功能为一体，为用户提供随手可查的掌间农业、气象专业服务。主要包括天气服务、微农服务和互动交流三大版块十四个功能，各功能设计如下。

(1)天气服务版块

该版块为用户提供随手可查的天气资讯查询，包括天气预报、灾害预警、天气雷达、卫星云图等信息。

① 天气预报

通过获取用户的地理位置，为用户随时随地提供所在地的天气情况，完善公众天气获取渠道。用户点击"天气预报"功能，即可获取所在地的未来 15 d 的天气情况、穿衣指数、空气质量等信息。

② 灾害预警

平台展示当地最新的各市(县)气象部门发布的灾害预警信息，及时提醒普通农户、农民合作社、种植大户和养殖大户注意防范灾害，丰富信息的传播渠道，提升信息的覆盖率，帮助用户做到"早预防、少损失"。

③ 天气雷达

进入"天气雷达"界面，用户点击"播放"按钮后，可以根据云图的动态变化，推测未来 4 h 内的天气状况，为政府部门人员和农技人员提供随时随地的雷达图信息。

④ 卫星云图

进入"卫星云图"界面，根据卫星云图所提供的气象资料，随时随地给政府部门人员和农技人员提供卫星云图信息，方便了政府部门人员监测局地强风暴的活动，以制作及时天气预报和警报。

(2)微农服务版块

根据用户对农事和政策信息的需求，设计了病虫情报、农事指南、微农资讯、"三农"政策、田间课堂等功能，为用户提供官方权威、及时有效的"三农"资讯。

① 病虫信报

根据植保植检部门提供的病虫实况实时监测数据，平台发布未来病虫害发生趋势及防范重点，给普通农户、农民合作社、种植大户提供科学防治手段及打药配方，为用户防灾减灾提供科学依据，减少农民的损失。

② 农事指南

根据省、市、县农业气象部门提供的农业天气信息，基于 GPS 定位技术，为用户精准提供本地 3 d 和一周农用天气预报以及高影响天气分析材料，给农民提供针对性的农事建议信息。

“农事指南”功能绑定 Event 事件，使用微信公众平台消息接口中的“事件推送接口”将事件的 KEY 推送到“江西微农”服务器。服务器通过解析获取用户的唯一标识 OPENID 和事件 KEY，根据 OPENID 调用“用户查询”接口，获取用户的最新地理位置信息，通过“智能匹配”接口，动态组装要返回的图文信息包含：农事指南、一周天气与农事、每日天气与农事等信息。

“智能匹配”接口，优先匹配用户所处位置的县级农业、气象部门发布的农事信息，当该县级没有农事信息时，自动增加查询等级获取上一级即市级农业、林业部门发布的农事信息，依次向上查询到“省级”的信息。其中，“每日天气与农事”只匹配有效期为当日的数据，“一周天气与农事”只匹配有效期限包含当日的数据。

③ 微农资讯

展示化肥、种子、农机等最新、最优农资产品信息，为用户争取优惠；对农业部门主推品种、农业技术进行宣传并对实用性好、价格优惠的相关企业进行一定的推广，也为农资大户和农民合作社增加了农资产品的销售渠道。

④ “三农”政策

根据省农业农村厅提供的“三农政策”信息，实时解读中央“三农”新政，方便普通农户、农民合作社、种植和养殖大户了解省内农业、产业发展趋势、农业补贴、农业保险、农机优惠等相关条例政策，既为用户维护自身利益提供科学依据，又减少了用户获取信息的时间，便于用户查询。

页面采用响应式布局，集成 JQuery 插件 iScroll 实现下拉动态刷新，初始化进入页面时，调用“三农政策”查询接口，将查询结果进行动态拼接，并按时间倒序以列表形式展示最新的各市、县发布的灾害预警信息的摘要、发布时间，如：江西省的页面为“省财政厅、省农业农村厅关于印发江西省 2016 年耕地地力保护补贴方案和江西省 2016 年粮食适度规模经营补贴方案的通知”，列表中每个元素都绑定点击事件，调用“三农政策”精确查询接口，通过唯一标识 ID 进行检索，点击即可查看详细的“三农政策”信息。

⑤ 田间课堂

根据省级植保植检局、省级粮油作物局和省级农业技术推广总站提供的各类科普教学视频和气象灾害、生产技术等信息，开展广泛的知识普及与推广，为农民提供学习农业科技知识的平台，解决了大规模培训难组织和农业生产方式不合理等问题。

科普视频内包含丰富的视频资料，采用最新的 HTML5 标准，使用新增加的 video 标签，很好地解决了不同平台、不同设备的兼容性问题、解决移动端流量问题，大大提高了观看体验。

在最新的 HTML5 标准中：〈video〉标签定义视频，比如电影片段或其他视频流。

支持 Ogg Theora 或者 VP8 的(Opera、Mozilla、Chrome),支持 H.264 的(Safari、IE9、Chrome)等主流浏览内核,支持的视频格式有:Ogg、MPEG4、WebM 等主流适用于移动设备的媒体流格式。开发中使用 preload 属性,设置 Auto 进行预加载;autoplay 属性,来控制视频的自动播放。

(3)互动交流版块

该版块为用户提供一个互动交流的平台,能够使用户与用户之间、用户与部门之间、用户与专家之间建立"直通式"的交流模式,包括农情反馈、灾情互动、我要咨询、微农社区、个人中心等功能。

① 农情反馈

在获取用户许可的条件下,微信公众平台定位用户的所在位置,用户可上传图片和文字等农情描述信息直接反馈给相关部门,方便政府部门及时了解各地农情动态,解决现有观测站及观测人员不足的问题,并在第一时间帮农民解决问题,实现了农民和农业管理部门直通式沟通。

反馈信息提供文件资料的上传,文件的上传采用 form 表单提交,〈form〉标签的 enctype 属性规定了在提交表单时要使用哪种内容类型。在表单需要二进制数据时,比如文件内容,应使用"multipart/form-data"〈input〉标签的 type="file"属性规定了应该把输入作为文件来处理。

为应对大文件的上传、安全性问题,在 PHP 中做了相应的配置,以达到文件传输中的控制目的。

② 灾情互动

在获取用户许可的条件下,系统定位用户的所在位置,用户可上传图片和文字等描述信息。方便管理部门及时掌握灾情动态,有效提高灾情上报的效率,为应急减灾争取宝贵时间。

③ "我要咨询"版块

平台集结了近百位气象、种植、水产、畜牧等方面专家,实现点对点的"直通式"专家在线互动问答,有效拉近用户与专家的距离,解决无人可问的农业生产难题,实现直通式为农服务,帮助用户解决无人可问的农业生产难题。

④ 微农社区

平台为用户建立一个自由交流和分享农情农技的论坛。用户可以在微农社区里发帖、回帖、上传照片等,并可以基于话题和兴趣,在互动中共同完成内容制作和传播,促进用户之间的互动、交流,增强用户黏性。

⑤ 个人中心

用户可进行注册,后台可对用户的注册信息进行分类管理,从而方便了政府部门给用户推送所需的消息,提高信息的高效性,用户也可以通过积分兑换礼品等。

12.3.1.2 技术实现

(1)平台端口搭建及服务器对接

微信公众平台服务器请求公众账号服务使用的是 HTTP 协议,在微信公众账号服务器上必须要运行一个 HTTP 服务,并打开一个端口。“江西微农”平台开通微信账号后,进入开发者模式,首先建立微信公众平台服务器与自有云服务器的 URL 地址连接,URL 地址即为项目工程与微信建立通信的地址,包括处理的 PHP 页面,输入相关参数,进行确定。平台用户提交信息后,微信服务器将发送 GET 请求到填写的 URL 上,并且带上四个参数(表 12.2):

表 12.2 参数列表

参数	描述
signature	微信加密签名
timestamp	时间戳
nonce	随机数
echostr	随机字符串

开发者通过检验 signature 对请求进行校验。若确认此次 get 请求来自微信服务器,请原样返回 echostr 参数内容,则接入生效,否则接入失败。signature 结合了开发者填写的 token 参数和请求中的 timestamp 参数、nonce 参数。加密/校验流程:①将 token、timestamp、nonce 三个参数进行字典序排序;②将三个参数字符串拼接成一个字符串进行 sha1 加密;③获得加密后的字符串可与 signature 对比,标识该请求来源于微信。

微信服务器在第一次请求绑定会调用我们定义 PHP 的 get 方法(后面进行消息处理是调用 post 方法)携带相应的参数通过我们的服务器进行校验无误后,将成功的 echostr 字符串信息返回给自有云服务器,“××微农”平台即和自有云服务器建立连接,标志地址成功绑定。

以后的用户请求,例如用户通过微信客户端发送文本信息、图片信息、菜单事件,将会由微信服务器通过 URL 地址转到自有云服务器上进行处理,见图 12.37。

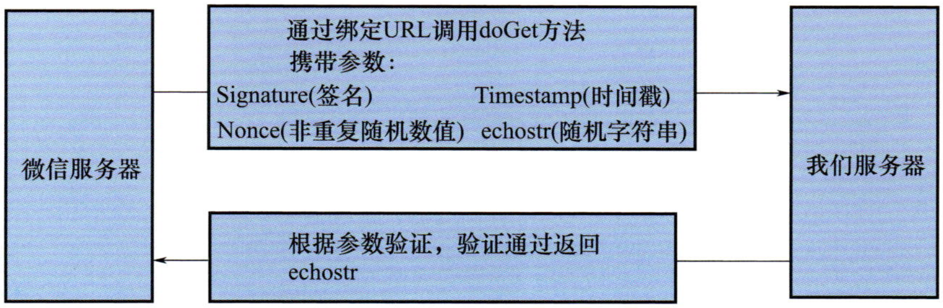

图 12.37 URL 建立连接交互图

(2)OAuth2.0 网页授权认证

OAuth 是一个开放协议,允许用户让第三方应用以安全且标准的方式获取该用户在某一网站、移动或桌面应用上存储的私密的资源(如用户个人信息、照片、视频、联系人列表),而无需将用户名和密码提供给第三方应用。OAuth2.0 是 OAuth 协议的下一版本,该协议关注客户端开发者的简易性,同时为 Web,桌面和手机应用,和设备提供专门的认证流程。

OAuth 允许用户提供一个令牌,而不是用户名和密码来访问他们存放在特定服务提供者的数据。每一个令牌授权一个特定的网站(例如,视频编辑网站)在特定的时段(例如,接下来的 2 h 内)内访问特定的资源(例如仅仅是某一相册中的视频)。这样,OAuth 允许用户授权第三方网站访问他们存储在另外的服务提供者上的信息,而不需要分享他们的访问许可或他们数据的所有内容(图 12.38)。微信公众平台 OAuth2.0 授权详细步骤如下。

① 用户关注微信公众账号;

② 微信公众账号提供用户请求授权页面 URL;

③ 用户点击授权页面 URL,将向服务器发起请求;

④ 服务器询问用户是否同意授权给微信公众账号[scope(范围)为 snsapi_base 时无此步骤];

⑤ 用户同意(scope 为 snsapi_base 时无此步骤);

⑥ 服务器将 CODE 通过回调传给微信公众账号;

⑦ 微信公众账号获得 CODE;

⑧ 微信公众账号通过 CODE 向服务器请求 Access Token(访问授权);

⑨ 服务器返回 Access Token 和 OpenID 给微信公众账号;

⑩ 微信公众账号通过 Access Token 向服务器请求用户信息(scope 为 snsapi_base 时无此步骤);

⑪ 服务器将用户信息回送给微信公众账号(scope 为 snsapi_base 时无此步骤)。

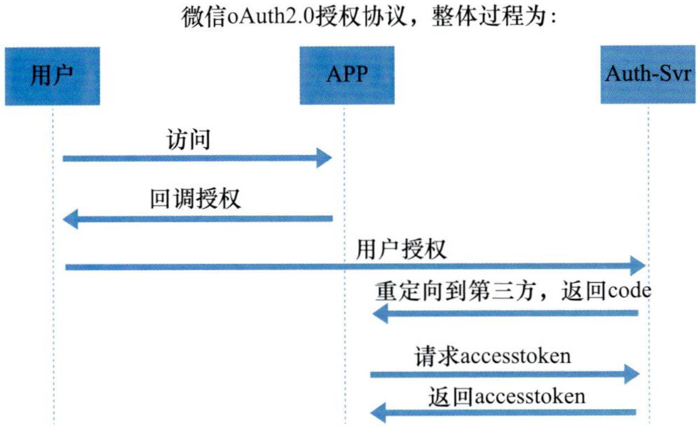

图 12.38 OAuth2.0 网页授权协议路线图

(3)消息推送

当微信用户向公众账号发消息时,微信服务器将 POST 该消息到填写的 URL 上。

(4)消息回复

对于每一个 POST 请求,开发者在响应包中返回特定 xml 结构,对该消息进行响应(支持回复文本、图文、语音、视频、音乐),微信服务器在五秒内收不到响应会断掉连接。

12.3.2 江西微农管理平台

江西微农管理平台用于各级业务单位对“江西微农”微信公众服务平台进行维护、管理和操作的便捷手段,从而实现省、市、县三级一体化管理,能够对“江西微农”各功能的维护、更新、删除以及向用户推送消息,保障平台高效稳定运行,满足各级服务需要。平台基于 C/S 架构开发,可便捷地在浏览器上进行操作,无须下载安装,便于各级部门使用。

12.3.2.1 全省一体化管理的功能实现

通过管理平台实现对管理员账户的分组管理,给各级农业部门和气象部门分别配置 276 个独立账户和密码,供各单位进行管理维护。平台可自动判别登录账户权限,并根据管理员的权限、级别匹配本地用户和相应功能。管理员登录时,首先根据输入的用户名、密码,加密后传输回平台,平台通过“管理员校验接口”,将用户名、密码和管理员信息数据库中数据进行匹配。若匹配不成功,返回登录失败结果;若匹配成功,则调取该管理员的权限信息,然后调用“权限分配接口”,匹配该级别管理员的可见用户范围、可使用功能范围,至此完成权限控制流程。

管理员可将范围内的用户,根据省、市、县行政区域级别进行归类。数据抽取调用时,系统数据层调用“用户查询”接口,从用户信息数据库中抽取元数据,使用数据库技术经过筛选、分拣,将数据归类后封装返回给业务层,业务层接收到封装好的数据,进行遍历、拆解,将数据发送到展示层,展示层按规则展示数据。

12.3.2.2 管理平台主要功能设计

管理平台是各服务主体对“江西微农”手机服务平台进行维护、管理和操作的工具,主要功能包括用户管理查询、个性化消息推送预警、服务产品更新、数据统计分析等。

(1)用户管理查询功能

管理员登录管理平台后,平台自动匹配相应用户信息和功能配置。首页正中的用户管理界面,是管理员对用户进行浏览、维护、查询和管理的工作区,可进行如下操作。

① 用户信息维护

OPENID、用户昵称、省份、地（市）、区（县）等由用户关注“江西微农”时自动获取，各级管理员可对本地区用户信息进行维护，如所在乡镇、经营类型、种植类型、电话等详细信息，丰富用户属性，为用户精细化甄别和定制化服务提供信息支撑。

② 用户搜索查询

管理员可对用户进行精确查询和分类查询。精确查询如：“按昵称搜索”“按电话号码搜索”；分类查询如“按乡镇搜索”“按区县搜索”“按分组搜索”“按地市搜索”“按经营类型搜索”“按种植类型搜索”等。使用搜索功能时，展示层通过基于事件驱动将要搜索的关键词、当前选中的搜索类型传递给业务层，业务层将参数组装后传递给调用数据层，系统数据层调用“用户查询”接口，从用户信息数据库中抽取元数据，使用数据库技术经过筛选、分拣，将数据归类后封装返回给业务层，业务层接收到封装好的数据，进行遍历、拆解，将数据发送到展示层，展示层按规则将搜索结果展示给管理员。

(2)个性化消息推送预警功能

由于微信官方对公众号群发消息采取严格限制措施，服务号每月仅能群发 4 条消息，订阅号虽然可以每日发送 1 条，但订阅号的信息仅在消息二级菜单显示，用户接收和阅读率显著低于服务号，两者均不能满足气象灾害预警多发性和各级气象、农业部门个性化服务的要求。

为解决业务需要和实际需求，管理平台通过微信开放的“模板消息”接口，采用用户主动触发消息提醒机制，通过使用“气象灾害预警提醒”“业务通知”等微信支持的模板或申请的特殊消息模板，实现了气象灾害预警、业务通知的消息群发，并在此基础上，实现了面向单个用户推送、全网用户推送、自定义多用户推送的个性化推送功能。

当使用消息推送功能时，管理员选择发送类型、发送用户后，管理平台将对消息内容合法性进行预先校验，如：标题、发布单位、预警类别、预警级别、预警内容是否合规，校验不通过时，给出错误提示；管理员重新填写正确后，管理平台在校验通过后，将消息内容、选择的用户进行初步组装，传送到管理平台服务器，服务器接到发送请求后，对用户进行更精细化的校验、同时排除 OPENID 异常（如缺失、不符合规则等）的用户，最终给出用户清单；然后根据发送的模板消息类型，从字典表取出对应的模板消息的唯一标识：模板 ID，结合模板消息的内容组装最终的模板消息结构体，最终发送给每个选中用户的微信上，用户收到信息会有声音和震动提醒，提醒用户进行关注。

在模板消息推送的过程中，为提高发送效率，且综合考虑微信公众平台请求频率的限制，系统默认开启两个线程，同时进行模板消息的推送，当用户量巨大时，将自动增加线程以提高推送效率。模板消息通过线程频繁调用“模板消息”接口，并实时将微信平台返回的推送结果、状态显示到右侧的进度栏中，发送完毕后，将发送结果记录进数据库，供数据统计功能调用。

(3)服务产品更新功能

各级管理员可通过管理平台的“更新服务”功能，对匹配的各项功能信息进行维护。省级管理员账户，以江西省农业气象中心账户为例，拥有最高权限，可对用户账户、天气预报、天气雷达、卫星云图、每日天气与农事、一周天气与农事、高影响天气、“三农”政策、病虫情报、田间课堂、农业百科、农资信息、农情反馈、灾情互动、服务专家、我要提问、微农资讯等十四个功能的信息内容进行添加、编辑、删除，完善信息，并可对下级账户的信息进行查看、审核和修改；市级农业部门管理账户，以上饶市农业局账户为例，相应匹配病虫信息、农资信息、田间课堂、三农政策、农业百科、灾情互动、农情反馈、微农资讯等的信息完善功能，并可对上饶市所属县区农业部门账户信息进行查看、审核和修改。

管理员选择“更新服务”功能后，系统调用“权限判定”接口，判定管理员的业务等级，检索“更新服务”字典表匹配可使用的“更新服务”的选项，并做好页面数据的初始化，实现服务类型的预先组装。选择服务类型后，页面将选择的服务类型传输给后台业务逻辑层，业务层调用数据层先后查询“更新服务字典表”“服务信息表”，将对应类型的现有的基础数据检索出来，此过程使用利用分页技术，以实现在大量数据的情况下快速响应、达到毫秒级的数据交互。在进行服务数据的增加、修改时，页面使用 Ajax 局部刷新技术，最小化地进行前后台的数据交互，提高响应速度。数据的传输基于 http 协议，传输过程中数据以加密形式从管理客户端送达云服务平台，平台解析后存入数据库中，以供用户调取查看。

① 服务产品添加

用户选中更新服务类型后，以“每日天气与农事”功能为例，点击“添加”按钮进入产品添加界面，管理平台预先设定开始时间、截止时间、发布作者、发布级别等，用户可自行添加信息内容，点击提交内容即可发布，发布后在截止时间前可在“江西微农”微信号对应的功能中点击查看。

② 服务产品删除

对于已过期或不再使用的产品内容，管理员可选中该信息，点击“删除”按钮即可删除。

③ 服务产品预览与编辑

管理员选中某一信息，点击“预览与编辑”按钮，可对已发布的产品内容进行预览，查看发布效果，并可进行随时修改和重新提交。

④ 服务产品刷新

点击“刷新”按钮，可更新该版块最新发布内容。

(4)数据统计分析功能

为应对大数据统计分析和服务情况总结需要，管理平台提供按等级的数据统计功能，采用从上至下的功能设计，即管理员可查看本级以及下级账户的数据统计结果，但不可查看上级的统计结果。

该功能使用分组查询技术、连接查询技术、统计查询技术，将不同市、县级别的：用户数量、每日天气与农事、一周天气与农事、高影响天气、病虫情报、灾害预警、农情反馈、灾情互动等八种类型基础数据进行统计。

12.3.3 农业天气通 APP

基于重庆市气象科学研究所研发的全国统一的智慧农业气象 APP-“农业天气通”，开展直通式柑橘气象服务。主要服务功能包括：

（1）农业天气

实现农业大户位置的格点化实况要素查询，天气预报、农业气候区划、作物苗情监测与模拟、农业气象影响预报、农业气象灾害预警等信息查询。

（2）农事与生产建议

提供农业大户所在位置的作物生长状况、天气对农业生产影响信息、农事活动与生产建议信息，实现气象服务产品实时推送。

（3）农田信息采集与查询

基于移动 GIS 软件，实现农业大户农田边界、主栽品种、面积、产量信息等基础数据填报、查询等；实现生产过程中施肥、灌溉、除草、清沟等天健作业管理信息的采集、录入、查询、浏览；实现苗情、灾情实地调查信息的采集、录入。

（4）农情上报

提供基于位置的农情、灾情在线报送、浏览。

（5）专家咨询

农业大户可咨询问题，专家点对点回复；用户可对专家进行评价。

（6）众包服务

为农业 VIP 大户（发包方）个性化有偿服务与解决方案提供发布接口；为涉农专家或社会化服务组织（接包方）以及面向农业经营主体开展个性化服务提供众包参与的互动接口。提供专家、农业 VIP 大户、农试站基地等多方共享交易技术成果、观测试验数据的平台。

（7）微农电商

为农业 VIP 大户提供供求关系发布、市场行情推送、电商链接、农产品生产过程溯源、农产品生长期气象要素溯源等农产品 O2O[①] 移动电商服务。

① O2O(Online to Offline)指线上线下一体化，将线下的商务机会与互联网结合。

12.3.4 乡村气象服务站

基于2011年以来中央财政“三农”(乡村振兴)气象服务专项建设成果，依托全省已建设的1000余个乡村气象信息服务站，作为柑橘气象服务枢纽，将相关服务和产品通过乡村气象信息服务站开展直通式服务，同时，借助已建成的5000余个乡村大喇叭和1300余个气象信息显示屏，通过信息产品的一键式发布，将服务产品通过大喇叭和显示屏进行提醒，及时告知农户做好趋利避害工作，筑牢防灾减灾第一道防线。

参考文献

柏秦凤，霍治国，王景红，等，2019. 中国主要果树气象灾害指标研究进展[J]. 果树学报，36(9)：1229-1243.

杜尧东，段海来，唐力生，2010. 全球气候变化下中国亚热带地区柑桔气候适宜性[J]. 生态学杂志，29(5):833-839.

高阳华，张成学，易新民，1994. 木本植物产量预报方法研究[J]. 中国农业气象，15(3):25-27.

国家防汛抗旱总指挥部办公室，2008. 旱情等级标准:SL 424—2008[S]. 北京:中国水利水电出版社.

江西省气象局，2015. 脐橙高温低湿气象灾害等级:DB36/T 861—2015[S]. 南昌:江西省质量技术监督局.

江西省气象局，2015. 赣南脐橙冻害预警等级:DB36/T 860—2015[S]. 南昌:江西省质量技术监督局.

黎勃，李玉祥，1993. 湖南省气象-桔柑产量预报模式研究[J]. 中国农业气象，14(3):45-49.

全国地理标志产品标准化工作组，2006. 地理标志产品赣南脐橙:GB/T 20355—2006[S]. 北京:中国标准出版社.

全国农业气象标准化技术委员会，2015. 农业气象观测规范柑橘:QX/T 298—2015[S]. 北京:中国气象出版社.

全国农业气象标准化技术委员会，2019. 农产品气候品质认证技术规范:QX/T 486—2019[S]. 北京:气象出版社.

全国农业气象标准化技术委员会，2020. 农产品气候品质评价 柑橘:QX/T 592—2020[S]. 北京:气象出版社.

沈兆敏，2019. 我国柑橘生产现状及未来前景展望[J]. 科学种养(9):5-10.

唐余学，2012. 基于危害积温的重庆市三峡库区柑橘产量预报方法研究[J]. 西南师范大学学报(自然科学版)，37(8):55-59.

中国国家标准化管理委员会，2011. 柑桔鲜果检验方法:GB/T 8210—2011[S]. 北京:中国标准出版社.

中华全国供销合作总社，2008. 鲜柑橘:GB/T 12947—2008[S]. 北京:中国标准出版社.

中华人民共和国农业部，2001. 无公害食品柑橘产地环境条件:NY/T 5016—2001[S]. 北京:中国农业出版社.

中华人民共和国农业部，2006. 柑橘等级规格:NY/T 1190—2006[S]. 北京:中国农业出版社.

中华人民共和国卫生部，2008. 食品中还原糖的测定:GB/T 5009.7—2008 [S]. 北京:中国标准出版社.